R 통계학 총서 ③

R과 함께하는 분산분석

배현웅 · 문호석 지음

R 통계학 총서는 계속 발간됩니다

KYOWOOSA
敎友社

머리말

통계학은 자료를 처리하고 분석하는 학문이다. 따라서 자료 처리를 위해서는 통계 패키지의 사용은 필수적이다. 일반적으로 많이 사용되고 있는 통계 패키지로는 SAS, SPSS, MINITAB 등 여러 가지가 있다. 그러나 이러한 통계 패키지는 구입 가격이 비쌀뿐만 아니라 계속해서 사용할 경우 유지비용이 많이 든다. 그리고 이들은 철저하게 패키지화 되어 있어서 사용자들에게 많은 불편이 따르게 하고 있다. 이러한 단점을 보완한 것으로 R 언어가 있다.

R은 S 언어를 확장하여 개발된 것으로 C나 JABA와 같은 기존의 프로그래밍 언어와는 달리 문법이 복잡하고 어렵지 않아 쉽게 배울 수 있을 뿐만 아니라, 통계 패키지로서의 기능을 함께 갖추고 있으면서 인터넷에서 무료로 다운로드 받을 수 있다는 커다란 장점을 가지고 있다. 그리고 기존의 통계 패키지가 철저하게 패키지화되어 있어 사용자가 필요에 따라 프로그램을 자유롭게 조절할 수 없는 단점을 가지고 있는 반면에, R은 많은 함수들을 내장하고 있으며 또한 이 함수들을 적절히 조합하여 사용자가 자신의 요구에 맞도록 새로운 함수를 직접 만들어 사용할 수 있다는 장점도 가지고 있다.

이 책은 R을 이용하여 분산분석을 하는 방법을 소개하기 위하여 집필되었으며, 총 3개의 장으로 구성되어 있다. 1장은 두 집단을 비교하는 방법에 대하여, 2장은 여러 집단을 비교하는 분산분석법을, 3장은 실험계획에 대하여 설명하고 있다.

이 책의 출반을 위해 애써주신 교우사 오판근 사장님과 편집장 배지선씨에게 감사를 드린다.

2011년 3월

저자 씀

차 례

▷ 머리말 / iii

제1장 두 집단의 비교 / 1

1.1 독립적으로 추출된 두 표본의 비교 3

1.1.1 σ_1^2과 σ_2^2이 알려져 있을 경우 16

1.1.2 σ_1^2과 σ_2^2을 모를 경우 16

1.2 두 모분산의 동일성 검정 7

1.3 대응비교 13

연습문제 23

제2장 분산분석 / 25

2.1 서론 28

2.2 일원분산분석 28

2.2.1 일원분산분석모형 – 모수모형 34

2.2.2 기본 원리와 분산분석표 34

2.2.3 인자효과에 대한 검정 ………… 34
2.2.4 다중비교와 대비 ………… 34
2.2.5 기본 가정의 타당성 검토 ………… 34
2.2.6 일원분산분석모형 – 변량모형 ………… 34
2.3 이원분산분석 ………… 30
2.3.1 반복실험이 아닌 경우 ………… 34
2.3.2 반복실험인 경우 ………… 34
연습문제 ………… 64

제3장 실험계획법 / 67

3.1 서론 ………… 69
3.2 완전확률화계획법 ………… 70
3.2.1 수학적 모형 ………… 72
3.3 확률화블록계획법 ………… 72
3.3.1 수학적 모형 ………… 72
3.4 라틴방격법 ………… 80
3.4.1 수학적 모형 ………… 125
연습문제 ………… 135

부록 / 139

[표 1] 난수표 135
[표 2] 표준규정분포표 137
[표 3] t분포표 138
[표 4] F분포표 139
[표 5] 표준화범위분포 143
[표 6] 던칸의 유의범위 146

찾아보기 / 149

1장 두 집단의 비교

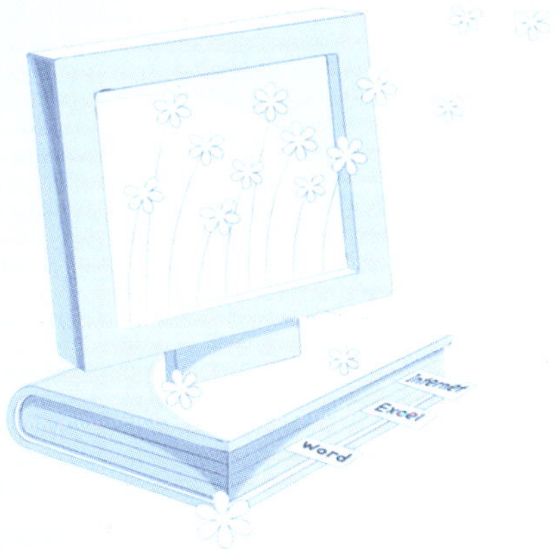

1.1 독립적으로 추출된 두 표본의 비교

1.2 두 모분산의 동일성 검정

1.3 대응비교

1.1 독립적으로 추출된 두 표본의 비교

두 전구회사에서 생산되는 전구의 수명간에 차이가 있는지를 알아본다든지 또는 새로 개발된 항암제의 효과가 기존의 항암제보다 우수한지에 대한 조사를 하는 것 등은 두 모집단을 비교하는 문제에 해당된다. 이 절에서는 두 모집단에서 각각 독립적으로 추출된 표본으로부터 측정된 결과를 비교하는 이표본 문제(two-sample problem)에 대하여 알아보도록 할 것이다.

두 집단에 대한 비교는 줄기-잎 그림 또는 상자그림을 이용하여 개략적으로 할 수도 있다. 하지만 이 장에서는 이론적인 체계하에서 두 표본자료를 비교하는 방법에 대하여 알아보도록 할 것이며, 이때 두 모집단으로부터 서로 독립적으로 추출된 두 표본에 대해서는 〈표 1.1〉과 같은 표기를 사용할 것이다.

〈표 1.1〉 두 모집단과 표본에 대한 표기

모집단			표본		
구분	평균	분산	표본 크기	평균	분산
1	μ_1	σ_1^2	n_1	$\overline{X}_1$	S_1^2
2	μ_2	σ_2^2	n_2	$\overline{X}_2$	S_2^2

1.1.1 σ_1^2과 σ_2^2이 알려져 있을 경우

두 모집단의 평균에 대한 비교는 두 모평균의 차 $\mu_1 - \mu_2$를 이용하여 이루어진다. $\mu_1 - \mu_2$의 점추정량으로는 $\overline{X}_1 - \overline{X}_2$가 사용되며, 따라서 $\mu_1 - \mu_2$에 대한 추론을 위해서는 통계량 $\overline{X_1}-\overline{X_2}$ 의 표본분포를 알아야 한다. 통계량 $\overline{X_1}-\overline{X_2}$ 의 평균과 분산은 기대값과 분산의 가법성에 의하여 다음과 같이 각각 구해진다.

$$E(\overline{X_1}-\overline{X_2})=E(\overline{X_1})-E(\overline{X_2})=\mu_1-\mu_2$$

$$V(\overline{X_1}-\overline{X_2})=V(\overline{X_1})+V(\overline{X_2})=\frac{\sigma_1^2}{n_1}+\frac{\sigma_2^2}{n_2}$$

그리고 두 모집단이 정규분포를 따를 경우, 정규분포의 가법성에 의하여 통계량 $\overline{X_1}-\overline{X_2}$ 의 분포 역시 정규분포를 따르게 된다.[1)]

[두 표본에 대한 Z통계량의 표본분포]

정규분포 $N(\mu_1,\ \sigma_1^2)$과 $N(\mu_2,\ \sigma_2^2)$을 따르는 두 모집단으로부터 크기가 각각 n_1, n_2인 표본을 서로 독립적으로 랜덤추출할 때, 통계량

$$Z=\frac{(\overline{X_1}-\overline{X_2})-(\mu_1-\mu_2)}{\sqrt{\dfrac{\sigma_1^2}{n_1}+\dfrac{\sigma_2^2}{n_2}}}$$

는 표준정규분포 $N(0,\ 1)$를 따르게 된다.

예제 1.1 여자의 키 X가 $N(166,\ 3^2)$을 따르고, 남자의 키 Y는 $N(170,\ 4^2)$을 따르는 두 집단에서 서로 독립적으로 여자 3명, 남자 4명을 랜덤하게 추출한다고 하자. 이때

1) 두 모집단이 정규분포를 따르지 않는다고 하더라도 표본의 크기 n_1, n_2를 충분히 크게 하면, 중심극한정리에 의하여 통계량 $\overline{X_1}-\overline{X_2}$는 근사적으로 정규분포를 따르게 된다.

뽑힌 여자들의 평균키가 남자들의 평균키보다 클 확률을 구하여라.

풀이 뽑힌 여자들의 평균키를 $\overline{X}$, 뽑힌 남자들의 평균키를 $\overline{Y}$라고 할 때 두 표본평균의 차 $\overline{X}-\overline{Y}$는 평균과 분산이 각각 다음과 같은 정규분포를 따르게 된다.

$$E(\overline{X}-\overline{Y}) = E(\overline{X}) - E(\overline{Y}) = \mu_X - \mu_Y = 166 - 170 = -4$$

$$V(\overline{X}-\overline{Y}) = V(\overline{X}) + V(\overline{Y}) = \frac{\sigma_X^2}{n_X} + \frac{\sigma_Y^2}{n_Y} = \frac{9}{3} + \frac{16}{4} = 3 + 4 = 7$$

따라서

$$P(\overline{X} > \overline{Y}) = P(\overline{X}-\overline{Y} > 0) = P\left(\frac{(\overline{X}-\overline{Y})-(-4)}{\sqrt{7}} > \frac{0-(-4)}{\sqrt{7}}\right)$$

$$= P(Z > 1.51) = 1 - P(Z < 1.51)$$

$$= 1 - 0.9345 = 0.0655$$

(R 코드: 확률 계산)

```
> n1=3; n2=4; fmu=166;  mmu=170; fvar=9; mvar=16
> sumvar=fvar/n1+mvar/n2
> z = (0-(fmu-mmu))/sqrt(sumvar)
> prob = 1 - pnorm(z); round(prob, 3)
  [1] 0.065
```

(R 코드 설명)

- sumvar은 $V(\overline{X}-\overline{Y})$를, z는 표준화한 값을, prob는 P-값을 계산하기 위한 R 코드이다.

(R 코드: 확률분포의 그림 출력)

```
# <그림 1.1> (a)
> x = seq(155,180,by=0.1)
> plot(x, dnorm(x,166, 3), type="l")
> text(170, 0.12, "N(166,sd=3)")
> lines(x, dnorm(x, 170, 4), type="l", lty="dashed")
> text(173, 0.11, "N(170,sd=4)")
# <그림 1.1> (b)
> x = seq(-22,12,by=0.1)
> plot(x, dnorm(x, -4, 7), type="l")
> text(3, 0.05, "N(-4,sd=7)")
```

(R 코드 설명)

- 하나의 정규밀도곡선은 plot 함수를 이용하여 그릴 수 있다. 여기서 두 정규밀도곡선 $N(166, 3^2)$과 $N(170, 4^2)$을 겹쳐 그리기 위해서 $N(166, 3^2)$ 곡선은 plot 함수를, $N(170, 4^2)$ 곡선은 lines 함수를 이용하였다.
- 출력된 그림에 분포 이름을 나타내기 위해서는 text 함수를 이용하면 된다. text 함수에서 첫 번째와 두 번째 인자는 출력될 문자의 위치 즉, x축과 y축의 좌표값을 나타내며, 출력될 문자는 따옴표 " "를 사용하여 지정해 주면 된다.

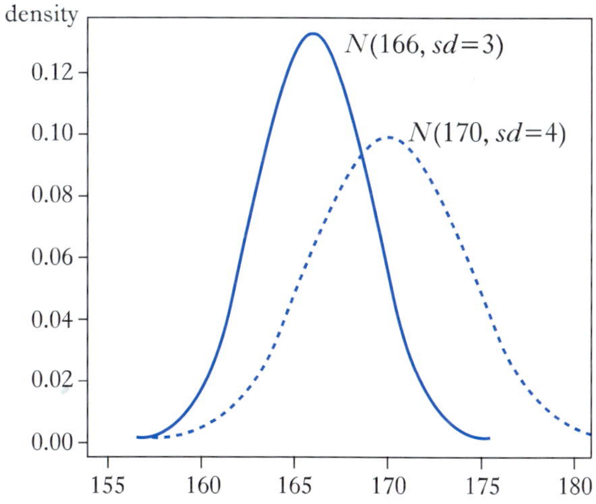

(a) 남자와 여자 키의 확률분포

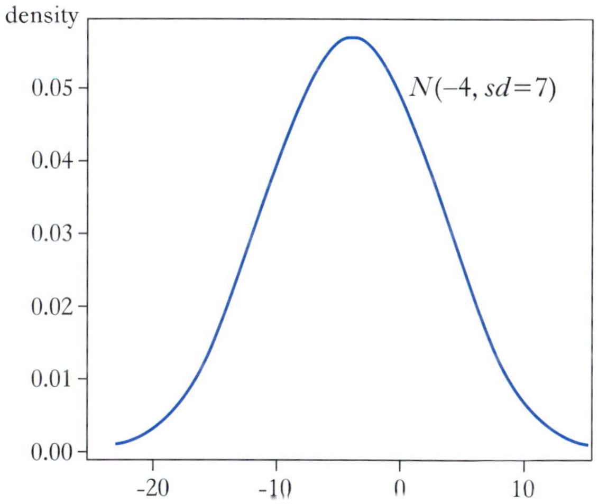

(b) 남자와 여자 평균키의 차 $\overline{X}-\overline{Y}$에 대한 표본분포

〈그림 1.1〉 남자와 여자의 키에 대한 확률분포

1.1.2 σ_1^2과 σ_2^2을 모를 경우

(1) σ_1^2과 σ_2^2이 서로 다르다고 할 때

일반적으로 모집단의 분산은 알려져 있지 않은 경우가 대부분이다. 이러한 경우에는 모집단이 하나일 때와 마찬가지로 t분포를 이용하여 추론을 하게 된다. 모분산 σ_1^2과 σ_2^2이 알려져 있지 않을 경우, 이들의 추정량으로 표본분산 S_1^2과 S_2^2을 사용한다. 즉, 앞절의 Z 통계량에서 σ_1^2과 σ_2^2 대신 S_1^2과 S_2^2을 사용한 통계량

$$T = \frac{(\overline{X}_1 - \overline{X}_2) - (\mu_1 - \mu_2)}{\sqrt{\dfrac{S_1^2}{n_1} + \dfrac{S_2^2}{n_2}}}$$

를 이용하여 $\mu_1 - \mu_2$에 대한 추론을 하게 된다. 하지만 이때의 통계량 T는 정확히 t분포를 따르지 않는다. 왜냐 하면 모집단이 하나일 경우 σ^2대신 S^2를 사용한 통계량은 정확히 t분포를 따르게 되지만, 모집단이 두 개일 경우 σ_1^2과 σ_2^2 대신 표본분산 S_1^2과 S_2^2을 사용한 통계량에 대해서는 이러한 성질이 성립하지 않기 때문이다. 이러한 경우 우리는 Satterthwaite에 의해 제안된 근사적인 방법 즉, 검정통계량 T가 근사적으로 다음과 같은 자유도를 가지는 t분포를 따른다는 사실을 이용하여 추론을 하게 된다.[2)]

$$\psi = \frac{\left(\dfrac{s_1^2}{n_1} + \dfrac{s_2^2}{n_2}\right)^2}{\dfrac{1}{n_1 - 1}\left(\dfrac{s_1^2}{n_1}\right)^2 + \dfrac{1}{n_2 - 1}\left(\dfrac{s_2^2}{n_2}\right)^2}$$

2) 두 표본의 크기 n_1과 n_2가 5보다 클 경우 그 근사 정도는 매우 좋은 것으로 알려져 있다.

[통계량 T의 표본분포($\sigma_1^2 \neq \sigma_2^2$일 때)]

σ_1^2, σ_2^2이 알려져 있지 않는 두 정규모집단 $N(\mu_1,\ \sigma_1^2)$과 $N(\mu_2,\ \sigma_2^2)$으로부터 크기가 각각 n_1, n_2인 표본을 서로 독립적으로 랜덤하게 추출하였다고 하자. 이때 통계량

$$T=\frac{(\overline{X_1}-\overline{X_2})-(\mu_1-\mu_2)}{\sqrt{\dfrac{S_1^2}{n_1}+\dfrac{S_2^2}{n_2}}}$$

는 근사적으로 자유도 ψ인 t분포를 따른다.

예제 1.2 어떤 고등학교 영어 교사가 독해력을 향상시킬 수 있는 새로운 독서방법을 개발하였다고 한다. 학교에서는 이를 확인하기 위하여 A반(21명)과 B반(23명)을 대상으로 A반에는 새로운 독서방법을, B반은 이전과 동일한 독서방법으로 8주 동안 독해력 교육을 실시하였다. 8주간의 교육 후 두 가지 방법에 대한 평가시험 결과 〈표 1.2〉와 같은 자료를 얻었다고 하자.

〈표 1.2〉 A, B반의 시험 점수

A반(새로운 독서방법)	B반(이전 독서방법)
34 61 59 46 43 44 52 43	42 33 46 37 43 41 10 42
58 67 62 57 71 40 54 43	55 19 17 55 26 54 60 28
53 57 49 56 33	62 20 53 48 37 69 42

(1) 두 모집단은 각각 정규분포를 따른다고 할 수 있는지를 줄기-잎 그림 또는 정규확률도를 이용하여 검토하여라.

(2) 두 모평균의 차 $\mu_A - \mu_B$에 대한 95% 신뢰구간을 구하여라.

(3) 새로운 독서방법은 독해력을 향상시킨다고 할 수 있는지를 유의수준 $\alpha = 0.05$에서 검정하여라.

풀이 (1) 정규성 검토

(R 코드: 줄기-잎 그림과 정규확률도의 출력)

```
> Aclass =
  c(34,61,59,46,43,44,52,43,58,67,62,57,71,49,54,43,53,57,49,56,33)
> Bclass =
  c(42,33,46,37,43,41,10,42,55,19,17,55,26,54,60,28,62,20,53,48,37,69,42)
> stem(Aclass); stem(Bclass)
> par(mfrow=c(1,2)); qqnorm(Aclass); qqline(Aclass)
> qqnorm(Bclass); qqline(Bclass)
```

(R 코드 설명)

- A반과 B반의 시험점수를 각각 Aclass와 Bclass란 이름으로 입력한 후에 stem 함수를 이용하여 각 반에 대한 줄기-잎 그림을 그렸다.
- par(mfrow=c(1,2)) 함수는 A반과 B반의 정규확률도를 한 행에 나란히 그리기 위하여 사용되었으며, 정규확률도를 출력하기 위하여 qqnorm 함수를 사용하였다. qqline 함수는 정규확률도에서 좌표점들에 적합한 직선을 그리기 위하여 사용되었다.

(결과 해석)

○ 이표본 t 분포를 이용한 검정은 두 모집단이 정규분포를 따른다는 것을 가정하고 있다. (a)의 줄기-잎 그림으로부터 A반과 B반 모두 특이값으로 의심되는 값은 존재하지 않으며, 두 반의 전체적인 분포모양은 좌우대칭인 형태를 띠고 있음을 알 수 있다. 또한 (b)의 정규확률도에서 자료값들은 직선 형태에서 크게 벗어나지 않고 있기 때문에 (a)와 (b)로부터 정규성의 가정은 성립한다고 할 수 있다.

A반		B반	
3	34	0	079
4	3334699	2	068377
5	23467789	4	12223683455
6	127	6	029
7	1		

(a) 줄기-잎 그림

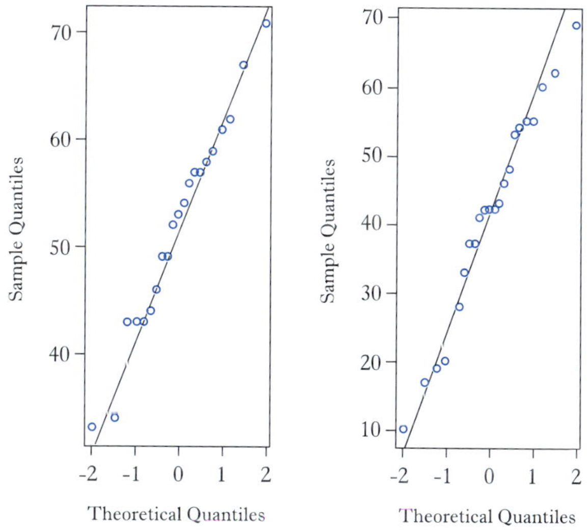

(b) 정규확률도

〈그림 1.2〉 A반과 B반의 줄기-잎 그림과 정규확률도

(2) 두 모평균의 차 $\mu_A - \mu_B$에 대한 95% 신뢰구간의 계산:

(R 코드: 통계량값의 출력)

```
> Amean = mean(Aclass); Avar = var(Aclass);
> Bmean = mean(Bclass); Bvar = var(Bclass);
> n1 = length(Aclass); n2 = length(Bclass);
```

〈표 1.3〉 출력된 통계량값의 요약

구분	n	$\bar{x}$	s^2
A반	21	51.95	98.45
B반	23	40.82	241.97

자유도 ψ를 계산하면

$$\psi = \frac{\left(\frac{s_A^2}{n_A} + \frac{s_B^2}{n_B}\right)^2}{\frac{1}{n_A - 1}\left(\frac{s_A^2}{n_A}\right)^2 + \frac{1}{n_B - 1}\left(\frac{s_B^2}{n_B}\right)^2}$$

$$= \frac{\left(\frac{98.45}{21} + \frac{241.97}{23}\right)^2}{\frac{1}{20}\left(\frac{98.45}{21}\right)^2 + \frac{1}{22}\left(\frac{241.97}{23}\right)^2} = 37.73 \simeq 37.8$$

이 되고, 자유도 37.8인 t분포에서 상위 2.5%가 되는 값 $t_{0.025}(37.8) = 2.025$ 이다. 따라서 두 모평균의 차 $\mu_A - \mu_B$에 대한 95% 신뢰구간은 다음과 같이 구해진다.

$$\begin{aligned}&(\overline{x_1}-\overline{x_2}) \pm t_{\alpha/2}(\psi)\sqrt{\frac{s_A^2}{n_A}+\frac{s_B^2}{n_B}}\\&=(51.95-40.82)\pm(2.025)\sqrt{\frac{98.45}{21}+\frac{241.97}{23}}\\&=(3.23,\ \ 19.023)\end{aligned}$$

(R 코드: 자유도의 계산과 신뢰구간의 출력)

```
> DF = (Avar/n1 + Bvar/n2)^2/(1/(n1-1)*(Avar/n1)^2 +
  1/(n2-1)*(Bvar/n2)^2)
> DF
  [1] 37.7334
> lower = Amean - Bmean - qt(0.975, DF)*sqrt(Avar/n1 + Bvar/n2)
> upper = Amean - Bmean + qt(0.975, DF)*sqrt(Avar/n1 + Bvar/n2);
> round(lower, 3); round(upper, 3)
  [1] 3.23
  [1] 19.023
```

(R 코드 설명)

- DF는 자유도를, lower는 하한값을, upper은 상한값을 출력하기 위하여 계산공식에 따라 작성된 R코드이다.
- round 함수는 소수점 아래의 사리수를 지정하고자 할 경우에 사용되며, 여기서 round(lower, 3)와 round(upper, 3)은 하한값과 상한값을 각각 소수 4째자리에서 반올림하여 3째자리까지 출력하라는 의미이다.

(4) 가설 $H_0: \mu_A = \mu_B$, $H_1: \mu_A > \mu_B$의 검정

검정통계량 T의 값은

$$t = \frac{(\overline{x_A} - \overline{x_B})}{\sqrt{\frac{s_A^2}{n_A} + \frac{s_B^2}{n_B}}} = \frac{(51.95 - 40.82)}{\sqrt{\frac{98.45}{21} + \frac{241.97}{23}}} = 2.853$$

이고, 이때의 $P-$값 $P(T \geq 2.853) = 0.003$은 유의수준 $\alpha = 0.05$보다 작으므로 귀무가설 H_0는 기각된다. 즉, "새로운 독서법이 독해력을 향상시킨다"고 할 수 있다. ❀

(R 코드: 검정통계량과 $P-$값의 출력)

```
> t=(Amean-Bmean)/sqrt((98.45/21)+(241.97/23));round(t,3)
  [1] 2.853
> prob=1-pt(t,DF);round(prob,3)
  [1] 0.003
```

(R 코드 설명)

○ t는 검정통계량을, prob는 $P-$값을 출력하기 위하여 작성된 R코드이다.
여기서 pt(t, DF)는 자유도가 DF인 t분포에서 확률 $P(T \leq t)$를 계산해 준다.

(R 코드: t.test 함수를 이용한 검정: 두 모집단의 분산이 다를 경우)

```
> t.test(Aclass, Bclass)
        Welch Two Sample t-test
data:  Aclass and Bclass
t = 2.8531, df = 37.733, p-value = 0.006991
alternative hypothesis: true difference in means is not equal to 0
95 percent confidence interval:
  3.229754 19.022834
sample estimates:
mean of x mean of y
 51.95238  40.82609
```

(R 코드 설명)

- 두 모평균의 차이에 대한 검정은 t.test 함수를 이용하면 된다. t.test 함수는 두 모집단의 분산이 서로 다르다는 것을 기본 전제로 하고 있으며, 만약 두 모집단의 분산이 동일하다고 할 경우에는 명령어 "var.equal=T"를 추가로 지정해 주어야 한다(예제 1.3 참조).
- t.test 함수는 양측검정을 기본으로 하고 있기 때문에 출력된 p-value는 양측검정에 대한 $P-$값을 나타낸다. 따라서 여기서는 단측검정이므로 출력된 값 0.006991에 1/2을 곱해 주어야 한다.

(2) σ_1^2과 σ_2^2이 같다고 할 때

두 모집단의 평균을 비교할 때 사용되는 통계량 T가 정확히 t분포를 따르는 경우가 있다. 그것은 두 모집단의 분산이 동일할 때 즉, 동일한 분산 σ^2을 가지는 두 정규모집단으로부터 크기가 n_1, n_2인 표본을 서로 독립적으로 랜덤하게 추출한다고 할 때 통계량 Z에서 σ^2 대신 S^2을 사용한 통계량 T는 정확히 자유도가 n_1+n_2-2인 t분포를 따르게 된다. 이때 공통인 모분산 σ^2의 추정량으로는 두 표본분산 S_1^2과 S_2^2의 자유도를 가중치로 하여 계산된 평균이 사용된다. 즉, 공통 모분산 σ^2의 점추정량은

$$S_p^2 = \frac{(n_1-1)S_1^2 + (n_2-1)S_2^2}{n_1 + n_2 - 2}$$

이 되며, 이때 S_p^2은 두 표본이 포함하고 있는 정보를 모두 합한 것이라고 하여 σ^2의 합동추정량(pooled estimator)이라 부른다.

두 모집단의 분산이 σ^2으로 동일할 때 두 표본평균의 차 $\overline{X_1} - \overline{X_2}$ 의 분산은 가법성에 의하여

$$\begin{aligned} V(\overline{X_1} - \overline{X_2}) &= V(\overline{X_1}) + V(\overline{X_2}) \\ &= \frac{\sigma^2}{n_1} + \frac{\sigma^2}{n_2} = \sigma^2\left(\frac{1}{n_1} + \frac{1}{n_2}\right) \end{aligned}$$

이 된다. 따라서 $\overline{X_1} - \overline{X_2}$를 표준화한 통계량

$$Z = \frac{(\overline{X_1} - \overline{X_2}) - (\mu_1 - \mu_2)}{\sigma\sqrt{\dfrac{1}{n_1} + \dfrac{1}{n_2}}}$$

는 표준정규분포 $N(0,\ 1)$를 따르게 되고, 이때 σ 대신 S를 사용한 새로운 통계량 T는 정확히 자유도가 n_1+n_2-2인 t분포를 따르게 되는 것이다.

[통계량 t의 표본분포($\sigma_1^2=\sigma_2^2=\sigma^2$일 때)]

σ^2이 알려져 있지 않은 두 정규모집단 $N(\mu_1,\ \sigma^2)$과 $N(\mu_2,\ \sigma^2)$으로부터 크기가 각각 n_1, n_2인 표본을 서로 독립적으로 랜덤하게 추출할 때 통계량

$$T=\frac{(\overline{X}_1-\overline{X}_2)-(\mu_1-\mu_2)}{S_p\sqrt{\dfrac{1}{n_1}+\dfrac{1}{n_2}}}$$

는 자유도가 n_1+n_2-2인 t분포를 따른다.

예제 1.3 쥐를 대상으로 한 실험에서 칼슘이 혈압을 낮추는 효과가 있는 것으로 나타났다. 이러한 효과가 사람에게도 나타나는지를 알아보기 위하여 나이와 건강상태가 비슷한 20명의 사람을 각각 10명씩 두 그룹(그룹 1과 그룹 2)으로 나눈 후 그룹 1에는 칼슘을, 그룹 2에는 가짜약을 12주 동안 복용시키는 실험을 실시하였다. 12주 후 감소된 혈압량을 측정한 결과가 〈표 1.4〉와 같다고 할 때, 이로부터 칼슘의 복용은 혈압을 낮춘다고 할 수 있는지를 $\alpha=0.05$에서 검정하여라. 단, 두 집단은 동일한 분산 σ^2을 가지는 정규분포를 따른다고 가정한다.

〈표 1.4〉 그룹별 감소된 혈압량

	감소된 혈압량									
그룹 1(칼슘 복용)	9	6	8	1	2	2	4	−3	4	5
그룹 2(가짜약 복용)	5	3	−1	2	6	3	−1	−3	−1	−4

풀이 (1) 정규성 판단

(R 코드: 상자그림과 정규확률도의 출력)

```
> group1 = c(9,6,8,1,2,-2,4,-3,4,5)
> group2 = c(5,3,-1,2,6,3,-1,-3,-1,-4)
> par(mfrow=c(1,2))
> boxplot(group1, xlab="group1"); boxplot(group2, xlab="group2")
> par(mfrow=c(1,2))
> qqnorm(group1); qqline(group1); qqnorm(group2); qqline(group2)
```

(R 코드 설명)

- 상자그림은 boxplot 함수를 이용하여 출력할 수 있다. boxplot 함수의 사용 형식은 boxplot(자료명, x축명)이며, 이때 주어진 자료가 벡터 형태이면 하나의 상자그림이, 행렬 형태 또는 데이터 프레임 형태이면 열의 개수 만큼의 상자그림이 출력된다.
- 두 개의 상자그림을 동시에 그리기 위해서 par(mfrow=c(1,2)) 함수가 사용되었다. 여기서 명령어 mfrow는 행과 열을 어떻게 할 것인지를 지정하는 것으로 c(1, 2)라고 하면 한 행에 두 개의 열 형태로 나란히 상자그림을 출력하라는 뜻이다.
- 정규확률도를 출력하기 위하여 qqnorm 함수을 사용하였으며, qqline 함수는 정규확률도에서 좌표점들에 적합한 직선을 그리기 위하여 사용되었다.

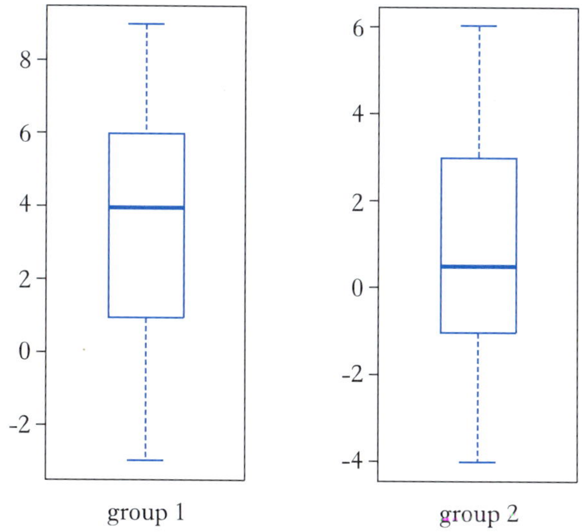

(a) 상자그림

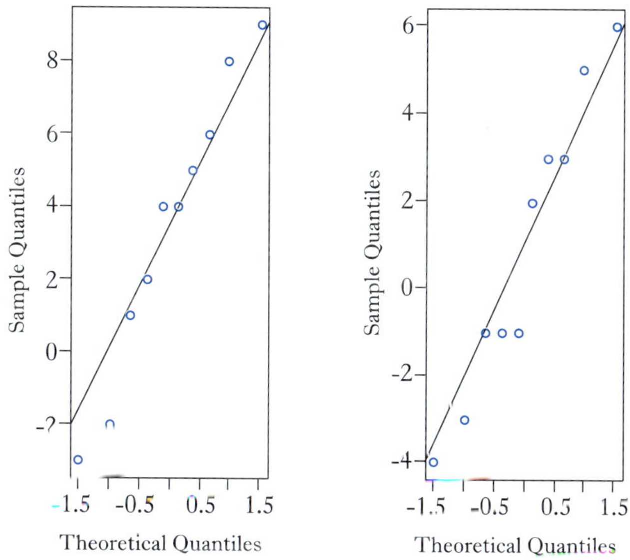

(b) 정규확률도

〈그림 1.3〉 그룹1과 그룹2에 대한 상자그림과 정규확률도

(결과 해석)

○ 두 모집단이 정규분포를 따른다는 가정을 만족하고 있는지를 확인하기 위하여 상자그림과 정규확률도를 작성한 결과는 〈그림 1.3〉의 (a)와 (b)에 주어져 있다. (a)의 상자그림으로부터 두 그룹 모두 특이값으로 의심되는 값은 없으며, 각 그룹의 분포 모양은 좌우대칭인 형태를 띠고 있다고 할 수 있다. 그리고 그림 (b)의 정규확률도로부터 두 자료값들은 직선 형태에서 크게 벗어나지 않고 있음을 알 수 있다. 따라서 (a)와 (b)로부터 정규성의 가정은 대체로 만족된다고 할 수 있다.

(2) 가설 $H_0 : \mu_1 = \mu_2$, $H_1 : \mu_1 > \mu_2$의 검정

합동표본분산을 계산하면

$$s_p^2 = \frac{(n_1-1)s_1^2 + (n_2-1)s_2^2}{n_1+n_2-2}$$

$$= \frac{(9)(15.6)+(9)(11.433)}{10+10-2} = 13.516$$

이므로 $s_p = \sqrt{13.516} = 3.676$이 된다.

검정통계량 T의 값은

$$t = \frac{(\overline{x_1} - \overline{x_2})}{s_p\sqrt{\frac{1}{n_1}+\frac{1}{n_2}}} = \frac{3.4-0.9}{3.676\sqrt{\frac{1}{10}+\frac{1}{10}}} = 1.520$$

이며, 이때의 $P-$값은 $P(T \geq 1.520) = 0.072$가 된다. 따라서 $P-$값은 주어진 유의수준 $\alpha = 0.05$보다 크므로 귀무가설 H_0는 기각되지 않는다. 즉, "칼슘의 섭취가 혈압을 줄여준다"고 할 수 없다. ❀

(R 코드: 수식을 이용한 검정통계량과 $P-$값의 출력)

```
> n1=length(group1); n2=length(group2)
> group1.mean=mean(group1); group2.mean=mean(group2)
> group1.var=var(group1); group2.var=var(group2)
> pooled.sd=sqrt(((n1-1)*group1.var+(n2-1)*group2.var)/(n1+n2-2))
> t=(group1.mean-group2.mean)/(pooled.sd*sqrt(1/n1+1/n2))
> pvalue=1-pt(tvalue, 19)
```

(R 코드 설명)

- n_1, n_2는 각 그룹의 크기를, group.mean과 group.var은 그룹의 평균과 분산을 출력하기 위한 R코드이다.
- pooled.st는 합동표본 표준편차를, t는 검정통계량을 출력하기 위하여 계산공식에 맞추어 작성된 R코드이다. 그리고 pvalue는 $P-$값을 나타낸다.

(R 코드: t.test 함수를 이용한 검정통계량과 $P-$값의 출력: 두 모집단의 분산이 같을 경우)

```
> t.test(group1, group2, var.equal=T)
            Two Sample t-test
 data:  group1 and group2
 t = 1.5205, df = 18, p-value = 0.1458
 alternative hypothesis: true difference in means is not equal to 0
 95 percent confidence interval:
 -0.9542975  5.9542975
 sample estimates:
 mean of x mean of y
      3.4        0.9
```

(결과 해석)

○ 검정통계량의 값 t=1.5205이고, 출력된 p-value는 확률 $P(|T| \geq 1.5205)$의 값을 나타낸다. 따라서 여기서는 우측검정이므로 구하고자 하는 $P-$값은 0.1458의 1/2인 0.0729가 되는 것이다.

예제 1.4 예제 1.3)에서 두 모평균의 차 $\mu_1-\mu_2$에 대한 90% 신뢰구간을 구하여라.

풀이 부록의 〈표 3〉으로부터 $t_{0.05}(18)=1.734$이므로 $\mu_1-\mu_2$에 대한 90% 신뢰구간은 다음과 같이 계산된다.

$$(\overline{x_1}-\overline{x_2})\pm t_{\alpha/2}(n_1+n_2-2)s_p\sqrt{\frac{1}{n_1}+\frac{1}{n_2}}$$

$$=(3.4-0.9\pm(1.734)(3.676)\sqrt{\frac{1}{10}+\frac{1}{10}}$$

$$=(-0.343,\ 5.343)$$

❀

(R 코드: 신뢰구간의 출력)

```
> lower=group1.mean-group2.mean-qt(0.95,19)*pooled.sd*sqrt(1/n1+1/n2)
> upper=group1.mean-group2.mean+qt(0.95,19)*pooled.sd*sqrt(1/n1+1/n2)
```

1.2 두 모분산의 동일성에 대한 검정

정규분포를 따르는 두 모집단 $N(\mu_1,\ \sigma_1^2)$, $N(\mu_2,\ \sigma_2^2)$으로부터 크기가 n_1, n_2인 표본을 서로 독립적으로 추출한다고 할 때 두 모분산의 동일성 검정에 대한 귀무 및 대립가설은 각각 다음과 같이 설정된다.

$$H_0 : \sigma_1^2 = \sigma_2^2, \qquad H_1 : \sigma_1^2 \neq \sigma_2^2$$

그리고 이러한 가설에 대한 검정은 두 표본분산의 비 $F = S_1^2/S_2^2$을 검정통계량으로 사용하며, 검정통계량 F는 귀무가설 H_0가 참일 때 자유도가 $(n_1 - 1,\ n_2 - 1)$인 F 분포를 따르게 된다.

[F 통계량]

S_1^2, S_2^2을 두 정규모집단으로부터 독립적으로 추출된 크기가 n_1, n_2인 표본의 분산이라고 할 때 통계량 $F = S_1^2/S_2^2$ 은 귀무가설 $H_0 : \sigma_1^2 = \sigma_2^2$이 참일 때 자유도 $(n_1 - 1,\ n_2 - 1)$ 인 F 분포를 따르게 된다.

F 분포는 두 모수 즉, 분자에 있는 표본분산의 자유도 j와 분모에 있는 표본분산의 자유도 k에 의해 분포의 모양이 결정되며, 표기는 $F(j,\ k)$로 한다.[3] F 분포는 자유도 j와 k에 따라 그 모양이 변하며, 〈그림 1.4〉에서 보는 바와 같이 분포 모양은 왼쪽으로 치우쳐 있으면서 오른쪽으로 꼬리가 긴 비대칭형 분포이다.

3) 분자에 있는 자유도가 항상 먼저 나오며, 자유도가 바뀌게 되면 분포의 모양도 달라진다.

F분포의 밀도곡선은 1 부근에서 최고점을 가진다. 따라서 가설검정 시 계산된 F값이 1로부터 멀리 떨어질수록 모분산이 동일하다는 귀무가설이 참일 가능성은 희박하며, 우리는 이를 귀무가설을 기각하는 근거로 사용하게 되는 것이다.

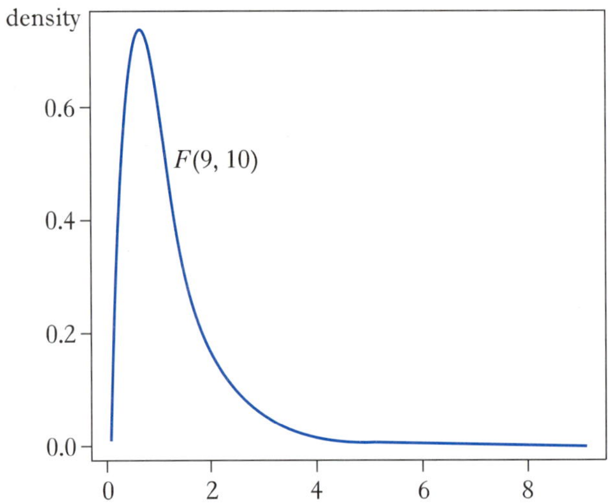

〈그림 1.4〉 자유도가 (9, 10)인 F분포의 밀도 곡선

부록의 〈표 4〉에 주어진 F분포표에는 여러 가지 자유도에 대하여 $P(F > f) = \alpha$를 만족하는 상위 $100\alpha\,\%$ 백분위수값 f가 주어져 있다. 예를 들어, $F(9, 10)$분포에서 $\alpha = 0.05$, 0.025인 백분위수값은 〈표 1.5〉와 같다.

〈표 1.5〉 $F(9, 10)$분포에서의 백분위수값

α	0.05	0.025
f	3.02	3.78

예제 1.5 예제 1.3)에서 두 모집단의 분산이 같다고 할 수 있는지를 유의수준 $\alpha = 0.05$에서 검정하여라.

풀이 가설 $H_0 : \sigma_1^2 = \sigma_2^2$, $H_1 : \sigma_1^2 \neq \sigma_2^2$에 대한 검정:

그룹 1의 표본분산은 $s_1^2 = 15.6$이고, 그룹 2의 표본분산은 $s_2^2 = 11.433$이다. 따라서 검정통계량 F의 값은

$$f = \frac{15.6}{11.433} = 1.3644$$

이고, 이때의 $P-$값은 $2 \times P(F \geq 1.3644) = 0.6509$가 된다. 그리고 $P-$값은 주어진 유의수준 0.05보다 크므로 귀무가설 H_0는 기각되지 않는다. 즉, "두 모분산은 같다"고 할 수 있다.

※ F 검정은 모집단이 정규분포를 따른다는 것을 기본가정으로 하고 있으며, 이러한 가정에 대하여 민감하게 반응하고 있다. 따라서 F 검정을 할 경우에는 많은 주의를 기울여야 한다.[4)]❀

4) t 검정과는 달리 F검정은 모집단이 정규분포를 따르지 않는 것에 대해서 매우 민감하게 반응하기 때문에 로버스트성(robustness)이 결여된 검정법이라고 할 수 있다. 그리고 이러한 로버스트성의 결여는 표본의 크기를 증가시켜도 개선되지 않는다. 따라서 표본으로부터 계산된 검정통계량 F의 값이 유의한 결과를 나타내었다고 하더라도 그 유의함이 모집단의 분산이 동일하지 않기 때문에 그러한 것인지 또는 모집단이 정규분포를 따르지 않기 때문에 그러한 것인지 잘 판단하여야 한다.

(R 코드: var.test 함수를 이용한 두 모분산의 동일성 검정)

```
> var.test(group1, group2)
        F test to compare two variances
data:  group1 and group2
F = 1.3644, num df = 9, denom df = 9, p-value = 0.6509
alternative hypothesis: true ratio of variances is not equal to 1
95 percent confidence interval:
0.3389055 5.4931932
sample estimates:
ratio of variances
    1.364431
```

(R 코드 설명)

○ 두 모집단의 분산이 동일한지에 대한 검정을 위해서 R에서 제공되는 함수는 var.test 이다. 검정 결과에서 $P-$값은 0.6509이므로 두 모집단의 분산은 동일하다고 할 수 있다.

(R 코드: 수식을 이용한 두 모분산의 동일성 검정)

```
> group1=c(9, 6, 8, 1, 2, -2, 4, -3, 4, 5)
> group2=c(5, 3, -1, 2, 6, 3, -1, -3, -1, -4)
> group1.var=var(group1); group2.var=var(group2)
> f= group1.var/group2.var; round(f, 4)
  [1] 1.3644
> pvalue = 2*(1-pf(f, 9, 9)); round(pvalue, 4)
  [1] 0.6509
```

(R 코드 설명)

- ○ 두 모집단의 분산에 대한 검정은 검정통계량과 $P-$값 출력을 위한 R 코드를 수식에 맞도록 직접 작성할 수 있다.
- ○ group1과 group2라는 이름으로 자료를 입력한 후, 각각의 분산을 출력하였다.
- ○ 검정통계량의 값 f를 계산한 후 $P-$값(pvalue)을 소수 넷째 자리까지 출력되도록 하였다. 여기서는 양측검정이므로 $P(F \geq f)$을 2배한 값이 구하고자 하는 $P-$값이 된다.

1.3 대응비교

앞 절에서는 두 모집단에서 서로 독립적으로 추출된 두 표본을 비교하는 방법에 대해서 다루었다. 그러나 어떤 경우에는 두 표본이 서로 독립적으로 추출된다 해도 표본 하나하나의 특성 차이가 심해 그 결과의 분석이 무의미해질 때가 있다. 예를 들어, 사료의 효능을 비교하기 위하여 젖소를 두 그룹으로 나누어 한 그룹에는 사료 1을, 다른 그룹에는 사료 2를 주어 일정한 기간 후에 우유의 생산량을 측정하는 실험을 한다고 하자. 이때 실제로 사료의 종류에 따라 우유생산량이 차이가 있음에도 불구하고, 젖소의 건강 상태나 나이 등에 따른 차이로 인하여 우유생산량의 차이를 판별할 수 없는 경우가 발생할 수도 있다. 이와 같은 문제점을 해결하기 위하여 대응의 개념 즉, 실험단위를 동질적인 짝으로 묶어 각 짝에서 두 측정값의 차이를 계산하여 두 모집단의 평균을 비교하는 추론을 하게 된다. 이러한 방법을 대응비교(paired comparison)라고 한다.

〈표 1.6〉 대응비교시 자료의 구조

구 분	1	2	……	n	평균	표준편차
표본 1	X_1	X_2	……	X_n		
표본 2	Y_1	Y_2	……	Y_n		
$D_i = X_i - Y_i$	D_1	D_2	……	D_n	$\overline{D}$	S_D

대응비교를 할 경우에는 대응하는 두 측정값의 차 $D_i = X_i - Y_i$ 에 근거를 두고 추론을 한다. 따라서 $D_1, \cdots, D_n$ 을 정규분포를 따르는 하나의 모집단으로부터 추출된 크기 n 인 표본이라고 간주할 때, 통계량

$$T = \frac{\overline{D} - (\mu_1 - \mu_2)}{S_D / \sqrt{n}}$$

는 자유도 $n-1$ 인 t 분포를 따르게 되며, 이러한 사실을 이용하여 두 모평균의 차 $\mu_1 - \mu_2$ 에 관한 추론을 하면 된다.[5]

[대응비교에 대한 검정]

(1) $\mu_1 - \mu_2$에 대한 100(1−α)% 신뢰구간: $\overline{D} \pm t_{\alpha/2}(n-1)\frac{S_D}{\sqrt{n}}$

(2) t−검정: • 검정통계량 $T = \frac{\overline{D}}{S_D / \sqrt{n}}$

• 측정된 검정통계량의 값을 t 라고 할 때 P−값의 계산

① 우측검정 $H_0 : \mu_1 = \mu_2$, $H_1 : \mu_1 > \mu_2$ 일 때 P−값$= P(T \geq t)$

② 좌측검정 $H_0 : \mu_1 = \mu_2$, $H_1 : \mu_1 < \mu_2$ 일 때 P−값$= P(T \leq t)$

③ 양측검정 $H_0 : \mu_1 = \mu_2$, $H_1 : \mu_1 \neq \mu_2$ 일 때 P−값$= P(|T| \geq t)$

5) 대응비교에서는 두 측정값의 차이 D를 이용하여 추론을 하게 되므로, 결과적으로 모집단이 하나인 경우의 모평균 μ에 관한 추론과 동일하게 된다.

표본의 크기가 큰 경우($n > 30$)에는 모집단의 분포가 정규분포를 따르지 않더라도 중심극한정리에 의해 통계량

$$Z = \frac{\overline{D}}{S_D / \sqrt{n}}$$

가 근사적으로 표준정규분포 $N(0, 1)$을 따른다는 사실을 이용하여 두 모평균의 차 $\mu_1 - \mu_2$에 관한 추론을 하면 된다.

예제 1.6 사료의 종류에 따라 젖소의 우유 생산량에 차이가 있는지를 조사하기 위하여 16마리의 젖소를 영양 상태와 나이가 비슷한 8쌍으로 나누고, 각 쌍에 사료 X와 사료 Y를 먹이는 실험을 3주 동안 실시하였다. 3주 후 젖소의 우유 생산량을 조사하여 다음과 같은 자료를 얻었다고 하자(단, 우유 생산량은 정규분포를 따른다고 가정한다).

〈표 1.7〉 젖소의 우유 생산량

번호	사료 X	사료 Y	차($D_i = X_i - Y_i$)
1	52	58	−6
2	60	62	−2
3	63	62	1
4	43	48	−5
5	46	50	−4
6	56	55	1
7	62	68	−6
8	50	57	−7

(1) 두 평균 우유 생산량의 차에 대한 95% 신뢰구간을 구하여라.

(2) 사료의 종류에 따라 우유 생산량에 차이가 있는지를 $\alpha=0.05$에서 검정하여라.

풀이 우유 생산량의 차 D_i의 평균과 표준편차는 다음과 같이 계산된다.

$$\bar{d}=\frac{1}{8}\sum d_i=-3.5,\quad s_D=\sqrt{\frac{1}{7}\sum(d_i-\bar{d})^2}=3.16$$

(1) 두 모평균의 차 $\mu_1-\mu_2$에 대한 95% 신뢰구간

$$\bar{d}\pm t_{\alpha/2}(n-1)\frac{s_D}{\sqrt{n}}=-3.5\pm 2.365\times\frac{3.16}{\sqrt{8}}$$

$$=-3.5\pm 2.644 \text{ 또는 } (-6.144,\ -0.856)$$

(2) 가설 $H_0:\mu_1=\mu_2,\quad H_1:\mu_1\neq\mu_2$에 대한 검정

검정통계량의 값을 계산하면

$$t=\frac{\bar{d}}{s_D/\sqrt{n}}=\frac{-3.5}{3.16/\sqrt{8}}=-3.132$$

가 된다. 여기서는 양측검정이므로 $P-$값은 $P(|T|>3.132)=0.017$이 되고, 이 값은 주어진 유의수준 $\alpha=0.05$보다 작으므로 귀무가설 H_0는 기각된다. 따라서 "사료의 종류에 따라 젖소의 우유생산량은 차이가 있다"고 할 수 있다. ❀

(R 코드: 신뢰구간, 검정통계량, $p-$값의 출력)

```
> x=c(52, 60, 63, 43, 46, 56, 62, 50)
 > y=c(58, 62, 62, 48, 50, 55, 68, 57)
> diff=x-y; diff.mean = mean(diff);
> diff.sd=sd(diff); n=length(x)
> upper=diff.mean+qt(0.975, n-1)*diff.sd/sqrt(n); round(upper, 3)
  [1] -0.856
> t=diff.mean/(diff.sd/sqrt(n)); round(t, 3)
  [1] -3.13
> pvalue=2*pt(tvalue, n-1); round(pvalue, 3)
  [1] 0.017
```

(R 코드 설명)

- 자료를 x와 y라는 이름으로 입력한 후 두 값의 차이를 diff를 계산하였다.
- diff의 평균 diff.mean과 표준편차 diff.sd를 각각 계산한 후, 수식에 맞추어 하한값 lower와 상한값 upper가 출력되도록 R코드를 작성하였다.
- 검정통계량의 값 t와 이에 대한 $P-$값(pvalue)을 소수 3째자리까지 출력되도록 R코드를 작성하였다.

연습문제

① 새로운 강의방법이 학생들의 독해력을 향상시킨다고 예상된다. 이를 확인하기 위해 16명의 학생을 대상으로 8명씩 랜덤으로 추출하여 두 조로 나누고 한 조에는 새로운 강의방법을, 다른 한 조에는 기존의 강의방법을 적용한 후 평가시험을 치른 결과가 다음과 같다고 하자.

기존의 방법	65	70	76	63	72	71	67	68
새로운 방법	75	79	72	77	69	81	71	76

주어진 자료를 이용하여 두 강의방법에 따른 독해력 성적에 차이가 있는지를 유의수준 $\alpha = 0.05$ 로 검정하여라(단, 시험점수는 정규분포를 따른다고 가정한다).

② 어느 제약회사에서 비만증 환자를 위한 약을 개발하였다. 이 약이 환자에게 부작용이 있는지 없는지를 알아보기 위해 12명의 환자를 랜덤으로 추출하여 약을 복용하기 전과 복용한 후의 혈압을 측정한 결과 다음과 같은 자료를 얻었다.

환 자	1	2	3	4	5	6	7	8	9	10	11	12
복용 전	128	176	110	149	183	136	118	158	150	130	126	162
복용 후	134	174	118	152	187	136	125	168	152	128	130	161

주어진 자료를 이용하여 복용 전후의 혈압에 차이가 있는지를 유의수준 $\alpha = 0.05$로 검정하여라(단, 혈압은 정규분포를 따른다고 가정한다).

③ 공기중의 수은 농도를 측정하는 두 가지 기기 A, B의 정밀도를 검사하기 위해 각각의 기기로 측정한 결과 다음과 같은 자료를 얻었다 (단위 : ppm/cm^3). 두 모집단의 분산이 동일하다고 할 수 있는지를 유의수준 $\alpha = 0.05$ 에서 검정하여라.

기기 A	0.95	0.83	0.78	0.96	0.72	0.86	0.99
기기 B	0.90	0.92	0.94	0.91	0.90	0.89	

2장
분산분석

2.1 서론

2.2 일원분산분석

2.3 이원분산분석

2.1 서 론

1장에서는 비교하고자 하는 집단이 두 개일 경우의 통계적 분석기법에 대해서 배웠다. 그러나 비교하고자 하는 집단의 수가 세 개 이상일 경우가 종종 있다. 예를 들어, 시중에서 유통되고 있는 막걸리가 제조회사에 따라 판매량의 차이가 있는지, 어느 대학교 학생들의 지능지수가 학년에 따라 차이가 있는지, 또는 강남콩의 비타민 C 함유량이 저장 온도 및 기간에 따라 차이가 있는지 등에 대한 비교가 바로 이러한 경우에 해당된다.

분산분석(analysis of variance: ANOVA)은 비교하고자 하는 집단이 세 개 이상일 경우, 그 집단들 사이의 평균을 비교, 분석하는 통계적 기법으로 영국의 통계학자 피셔(R.A. Fisher)에 의해 고안되었다. 분산분석은 최초 농사실험과 관련된 연구에서 사용되었던 방법이나 현재에는 교육, 심리, 의학, 공학 등과 같은 많은 분야의 실험에서 관심 있는 요인들의 효과에 대한 분석을 하는 통계적 기법으로서 널리 응용되고 있다.

분산분석은 측정하고자 하는 값에 영향을 미치는 인자(factor)의 수에 따라 구분된다. 즉, 측정값에 영향을 주는 인자가 하나인 실험에 대한 분석을 일원분산분석(one-way ANOVA), 인자의 수가 두 개인 실험에 대한 분석을 이원분산분석(two-way ANOVA)이라 한다. 여기서 인자란 예를 들어, SK, LG, GS 등 세 정유회사에서 판매하는 휘발유의 질이 같은지를 조사하기 위하여 1600cc의 차량을 이용하여 연비(ℓ 당 주행거리)를 측정하는 실험을 한다고 할 때 정유회사가 인자가 된다. 그리고 정유회사의 종류인 SK, LG, GS를 인자 수준(factor level) 또는 처리(treatment)라고 하며, 이때의 분산분석은 인자가 하나인 일원분산분석이 된다. 만약 정유회사라는 인자외에 차종(예를 들어 1600cc, 2400cc, 3200cc 등 세 종류의 차를 이용하여 실험한다고 할 때)이라는 인자를 추가하여 연비의 차이를 조사하게 된다면 이때에는 인자가 두 개(정유회사와 차종)인 이원분산분석이 되는 것이다.

2.2 일원분산분석

일원분산분석 모형은 2가지로 구분하여 생각할 수 있다. 즉, 연구자의 관심이 실험에서 사용된 인자 수준에만 한정하여 분석하는 모수모형(fixed effects model)과 실험에서 사용된 인자 수준을 보다 큰 인자 수준들의 모집단으로부터 추출된 확률표본으로 보고 분석 결과로부터 얻어진 결론을 모집단 전체로 확장하여 해석하는 변량모형(random effects model)으로 구분할 수 있다.

모수모형의 경우 인자 각 수준에서 실험을 통하여 얻어지는 측정값들을 각 수준의 모집단으로부터 얻어지는 표본으로 간주한 후, 여러 인자 수준들의 평균간에 차이가 있는지에 관심을 두고 분석이 이루어지게 된다. 반면에 변량모형의 경우에는 실험에서 사용되고 있는 인자 수준들이 인자 수준들 전체의 모집단으로부터 추출된 확률표본이기 때문에 여기에서의 추론은 인자 수준들의 모집단과 관련되어 이루어진다.[6] 예를 들어 5개의 서로 다른 형태의 광고가 효과면에서 차이가 있는지를 조사하고자 할 경우 이는 모수모형에 해당되며, 반면에 전국적으로 수백개의 대리점을 소유하고 있는 회사에서 수백개 중 7개의 대리점을 랜덤으로 뽑은 후, 이로부터 얻은 정보를 이용하여 전국의 대리점과 관련된 결론을 얻고자 하는 경우는 변량모형에 해당된다.

2.2.1 일원분산분석모형-모수모형

인자가 하나이면서 r개의 수준 A_1, A_2, $\cdots$, A_r을 가지고 있고, 각 수준에서 반복 측정

6) 모수모형과 변량모형의 근본적인 차이점은 모수모형은 인자 수준 그 자체에 관심을 가지고 선택되기 때문에 실험에서 사용된 수준들은 수준들의 모집단으로부터 추출된 표본이 아니라는 것이고, 변량모형은 인자 수준들이 커다란 모집단으로부터 추출된 하나의 표본을 이루고 있으며, 이때의 관심은 모집단에 있게 되는 것이다.

수가 n개인 일원분산분석은 다음과 같은 형태의 모형을 가진다.

$$Y_{ij} = \mu_i + \epsilon_{ij} \qquad i = 1,\ 2,\ \cdots,\ r;\ j = 1,\ 2,\ \cdots n$$

여기서 Y_{ij}는 i번째 수준에서 측정된 j번째 값을 나타내며, μ_i는 i번째 수준의 모평균을 나타낸다. 그리고 ϵ_{ij}는 Y_{ij}를 측정할 때 관심 있는 요인 이외의 각종 요인들에 의하여 발생하는 오차를 나타내며, 이때 오차는 서로 독립적으로 발생하며 정규분포 $N(0,\ \sigma^2)$를 따른다고 가정한다.

[일원분산분석모형-모수모형]

$$Y_{ij} = \mu_i + \epsilon_{ij}, \qquad i = 1,\ 2,\ \cdots,\ r;\ j = 1,\ 2,\ \cdots n$$

여기서 Y_{ij}는 i번째 수준에서 측정된 j번째 값,

μ_i는 i번째 수준의 모평균,

ϵ_{ij}는 오차로서 서로 독립이며, 정규분포 $N(0,\ \sigma^2)$를 따름.

일원분산분석에서의 측정값 Y_{ij}는 모평균이 각각 $\mu_1,\ \mu_2,\ \cdots,\ \mu_r$이고 분산이 σ^2으로 동일한 r개의 정규모집단 $N(\mu_i\ \sigma^2)$에서 각각 독립적으로 n개의 표본을 랜덤으로 추출하여 얻은 값이라고 할 수 있으며, 이를 그림으로 나타내면 〈그림 2.1〉과 같게 된다. 이때 모평균 μ_i가 모두 동일하다면 모든 분포는 정확히 일치하게 될 것이며, 일원분산분석에서는 이러한 r개 수준들의 평균 μ_i가 같은지의 여부를 판단하게 되는 것이다.

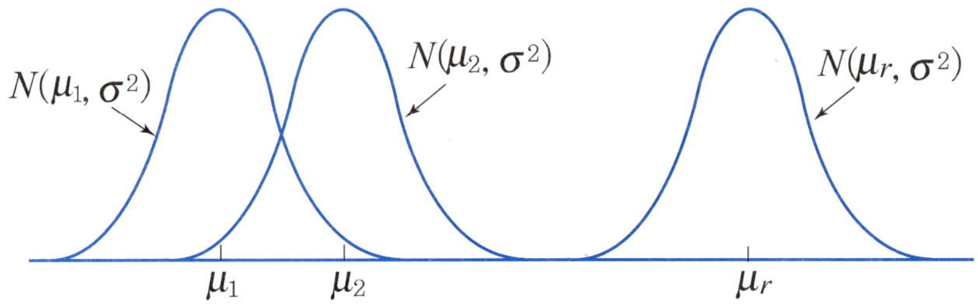

〈그림 2.1〉 일원분산분석모형

일원분산분석의 자료구조는 〈표 2.1〉과 같으며, 여기서 행은 수준을, 열은 반복 측정된 값을 나타낸다. 이때 각 행에서의 측정값은 각 모집단에서 얻어진 n개의 확률표본이 된다.

〈표 2.1〉 일원분산분석의 자료 구조

인 자	측 정 값	평균
수준 1	Y_{11} Y_{12} $\cdots$ Y_{1n}	$\overline{Y}_1$
수준 2	Y_{21} Y_{22} $\cdots$ Y_{2n}	$\overline{Y}_2$
$\vdots$	$\vdots$	$\vdots$
수준 r	Y_{r1} Y_{r2} $\cdots$ Y_{rn}	$\overline{Y}_r$
		$\overline{Y}$

2.2.2 기본 원리와 분산분석표

분산분석의 기본원리는 측정된 자료값들의 전체 변동을 비교하고자 하는 인자 수준 간의 차이에 의해서 발생하는 변동과 그 밖의 요인에 의해서 발생하는 변동으로 나누어 자료를 분석하는 것에 바탕을 두고 있다.

측정값 Y_{ij}와 전체 측정값들의 평균 $\overline{Y}$간의 차이인 편차는 다음과 같이 분할 가능하며

$$Y_{ij} - \overline{Y} = (\overline{Y}_i - \overline{Y}) + (Y_{ij} - \overline{Y}_i) \tag{1}$$

이때 식 (1)에서 우변의 첫째항은 수준 i에서의 측정값과 전체 평균간의 차이 즉, 수준간의 차이에 따른 편차를 나타내며, 두 번째 항은 측정값과 수준평균간의 차이 즉, 수준 i에 의해서 설명될 수 없는 편차를 나타낸다. 식 (1)의 양변을 제곱하여 전체 측정값들에 대하여 모두 더하면 식 (1)은 다음과 같이 되고,

$$\sum_{i=1}^{r}\sum_{j=1}^{n}(Y_{ij} - \overline{Y})^2 = \sum_{i=1}^{r} n(\overline{Y}_i - \overline{Y})^2 + \sum_{i=1}^{r}\sum_{j=1}^{n}(Y_{ij} - \overline{Y}_i)^2 + 2\sum_{i=1}^{r}\sum_{j=1}^{n}(\overline{Y}_i - \overline{Y})(Y_{ij} - \overline{Y}_i)$$

여기서

$$2\sum_{i=1}^{r}\sum_{j=1}^{n}(\overline{Y}_i - \overline{Y})(Y_{ij} - \overline{Y}_i) = 2\sum_{i=1}^{r}(\overline{Y}_i - \overline{Y})\sum_{j=1}^{n}(Y_{ij} - \overline{Y}_i) = 2\sum_{i=1}^{r}(\overline{Y}_i - \overline{Y}) \times 0 = 0$$

이 되므로 식 (1)은 다음과 같게 된다.

$$\sum_{i=1}^{r}\sum_{j=1}^{n}(Y_{ij} - \overline{Y})^2 = \sum_{i=1}^{r} n(\overline{Y}_i - \overline{Y})^2 + \sum_{i=1}^{r}\sum_{j=1}^{n}(Y_{ij} - \overline{Y}_i)^2 \tag{2}$$

$$SST \quad = \quad SSTR \quad + \quad SSE$$

식 (2)에서 좌변은 측정된 자료값 전체의 평균과 각 측정값간의 차이를 제곱하여 모두 더한 값으로 이것을 총변동(total variation) 또는 총제곱합(total sum of squares : SST)이라 부른다.

식 (2)에서 우변의 첫째항은 측정된 자료값 전체의 평균과 각 수준 평균간의 차이를 제곱하여 모두 더한 값으로 비교하고자 하는 인자 수준간의 차이에 의해서 발생하는 변동을 나타내며, 이것을 처리간 변동 또는 처리제곱합(treatment sum of squares : $SSTR$)이라 부른다. 이때 수준들간의 평균이 모두 같다면 처리제곱합 $SSTR$은 0이 되며, 수준 평균들간의 차이가 클수록 $SSTR$은 커지게 된다.

식 (2)에서 우변의 둘째항은 각 인자 수준 내에서의 측정값과 해당 수준 평균간의 차이를 제곱하여 모두 더한 값으로 총제곱합 중에서 인자 수준으로 설명이 되지 않는 변동을 나타내며, 이것을 처리내 변동 또는 오차제곱합(error sum of squares : SSE)이라 부른다. 따라서 각 수준 내에서의 모든 측정값들이 같으면 오차제곱합 SSE는 0이 되며, 각 수준 내에서 측정값들의 변동이 크면 클수록 SSE는 커지게 된다.

분산분석은 분산의 개념을 이용하여 분석하는 방법이기 때문에 분산을 계산할 때와 동일한 요령으로 각각의 제곱합을 해당 자유도로 나누어 얻게 되는 값을 이용하여 수준평균들간의 차이가 존재하는 지에 대한 판단을 하게 된다.

총제곱합 SST는 두 부분으로 분할할 수 있으므로 자유도 또한 두 부분으로 나눌 수 있다. 총제곱합 SST를 살펴보면 측정값들의 총개수 $n_T = n \times r$개이고, 이때 총제곱합 $\sum_i \sum_j (Y_{ij} - \overline{Y})^2$과 관련된 제약식이 $\sum \sum (Y_{ij} - \overline{Y}) = 0$ 한 개가 있으므로 SST의 자유도는 $n_T - 1$이 된다. 처리제곱합 $SSTR$에는 r개의 인자 수준평균 $\overline{Y_{i.}}$이 있으며, 이때 제약식은 $\sum_i n(\overline{Y_i} - \overline{Y}) = 0$ 한 개가 존재하므로 $SSTR$의 자유도는 $r-1$이 된다. 그리고 오차제곱합 SSE에서 i번째 수준에 대한 제곱합 $\sum (Y_{ij} - \overline{Y_i})^2$과 관련된 제약식은

$\sum(Y_{ij}-\overline{Y_i})=0$ 한 개가 있으므로 이때의 자유도는 $n-1$이 된다. 그리고 SSE에는 이러한 제약식이 r개 있으므로, 결과적으로 SSE의 자유도는 n_T-r이 된다.

분산분석에서 처리제곱합 $SSTR$을 자신의 자유도인 $r-1$로 나눈 값을 처리평균제곱(treatment mean square : $MSTR$), 오차제곱합 SSE를 자신의 자유도인 n_T-r로 나눈 값을 오차평균제곱(error mean square : MSE)이라 한다.

분산분석에서 필요한 모든 정보 즉, 위에서 설명한 제곱합, 자유도, 평균제곱 등을 요인별로 분류하여 정리한 표를 분산분석표(analysis of variance table)라 한다(표 2.2 참조). 분산분석표에서 가장 오른쪽에는 처리평균제곱 $MSTR$과 오차평균제곱 MSE의 상대적인 크기를 나타내는 통계량 F_0의 값이 주어지며, 분산분석에서는 이 값을 이용하여 전체 수준들의 평균이 같은지의 여부를 판단하게 된다. 즉 F_0값의 크기는 처리평균제곱 $MSTR$의 크기에 영향을 받으므로 $MSTR$이 커지게 되면 MSE는 작아지게 되고, 결과적으로 F_0의 값은 커지게 된다. 따라서 F_0의 값이 크다는 것은 수준 평균들간의 차이가 심하다는 것을, 반대로 F_0의 값이 작다는 것은 수준 평균들 간에는 차이가 없다는 것을 나타내게 된다.

〈표 2.2〉 일원분산분석표

요인	제곱합	자유도	평균제곱	F_0
처리	$SSTR$	$r-1$	$MSTR$	$MSTR/MSE$
오차	SSE	n_T-r	MSE	
전체	SST	n_T-1		

2.2.3 인자효과에 대한 검정

일반적으로 일원분산분석은 r개 수준 평균값들이 같은지를 검정하는 것으로부터 시작되며, 귀무 및 대립가설은 다음과 같이 설정된다.

$$H_0 : \mu_1 = \mu_2 = \cdots = \mu_r$$

$$H_1 : \text{모든 } \mu_i\text{는 같지 않다.} \quad i = 1,\ 2,\ \cdots,\ r$$

분산분석의 목표는 각 수준 평균들을 서로 비교하는 것이다. 만약 각 수준 평균들을 비교하는 기준값을 전체 평균인 $\mu = \frac{1}{r}\sum_{i=1}^{r}\mu_i$로 하고, 수준 i의 평균 μ_i와 전체 평균 μ간의 차이를 $\alpha_i = \mu_i - \mu$로 표기할 경우 $\mu_i = \mu + \alpha_i$가 된다. 이러한 관계식으로부터 일원분산분석 모형은 다음과 같은 형태로도 표현되어진다.

$$Y_{ij} = \mu + \alpha_i + \epsilon_{ij}$$

여기서 α_i는 수준 i의 평균 μ_i가 전체 평균 μ로부터 어느 정도 차이가 나는지를 나타내는 값이 되며, 이를 인자의 주효과(main effect)라고 한다.

따라서 인자의 주효과를 이용하여 귀무 및 대립가설을 표현하면 다음과 같게 된다.

$$H_0 : \alpha_1 = \alpha_2 = \cdots = \alpha_r = 0$$

$$H_1 : \text{모든 } \alpha_i\text{는 0이 아니다.} \quad i = 1,\ 2,\ \cdots,\ r$$

가설을 검정하기 위한 통계량으로 처리평균제곱 $MSTR$과 오차평균제곱 MSE의 비

$$F_0 = \frac{MSTR}{MSE}$$

가 사용되며, 귀무가설 H_0가 사실일 경우 검정통계량 F_0는 자유도가 $r-1$과 n_T-r인 F분포를 따르게 된다. 유의성 여부를 판단하기 위해서는 F분포표나 $P-$값을 사용하며, 주어진 유의수준 α에서 표본으로부터 계산된 검정통계량의 값 f_0가 $f_0 \ge F_\alpha(r-1, n_T-r)$ 또는 $P(F \ge f_0) < \alpha$이면 귀무가설 H_0를 기각하게 되고, 그렇지 않으면 H_0를 채택하게 된다. 이와 같은 방법에 의한 검정법을 $F-$검정($F-$test)이라 한다.

[인자효과에 대한 검정]

- 가설 : $H_0: \mu_1 = \mu_2 = \cdots = \mu_r$

  H_1: 모든 μ_i는 같지 않다. $i = 1, 2, \cdots, r$
- 판정방법 : 표본으로부터 계산된 검정통계량의 값 f_0가 유의수준 α에서

  $f_0 \le F_\alpha(r-1, n_T-r)$ 또는 $P-$값$= P(F \ge f_0) \ge \alpha$이면 H_0를 채택

  $f_0 > F_\alpha(r-1, n_T-r)$ 또는 $P-$값$= P(F \ge f_0) < \alpha$이면, H_0를 기각

예제 2.1 어느 사료회사에서는 현재 돼지에게 사용하고 있는 사료A 이외에 최근 사료B와 사료C를 새로이 개발하였다. 사료의 종류간에 차이가 있는지를 조사하기 위하여 랜덤하게 추출된 21마리의 돼지를 7마리씩 3개조로 나누어 세 종류의 사료를 사용하여 30일 동안 사육한 후 체중의 증가량(단위 : kg)을 측정한 결과, 〈표 2.3〉과 같은 자료를 얻었다.

〈표 2.3〉 사료의 종류에 따른 체중 증가량

인자 \ 측정값	1	2	3	4	5	6	7	평 균
사 료 A	30	35	28	29	25	29	34	30
사 료 B	25	31	28	27	23	24	31	27
사 료 C	20	16	17	18	18	17	20	18
전 체								25

(1) 상자그림을 그려라.

(2) 돼지의 체중 증가는 사료의 종류에 따라 차이가 있는지를 유의수준 $\alpha = 0.05$로 검정하여라.

풀이 (R 코드: 상자그림 출력)

```
> weight = c(30,35,28,29,25,29,34,25,31,28,27,23,24,31,20,16,17,18,18,17,20)
> feed = c(rep("A", 7), rep("B", 7), rep("C", 7))
> pig = data.frame(weight, feed)
> par(mfrow=c(1,2))
> plot(weight~feed, pig)
> with(pig, stripchart(weight~feed, vertical=T, method="stack"))
```

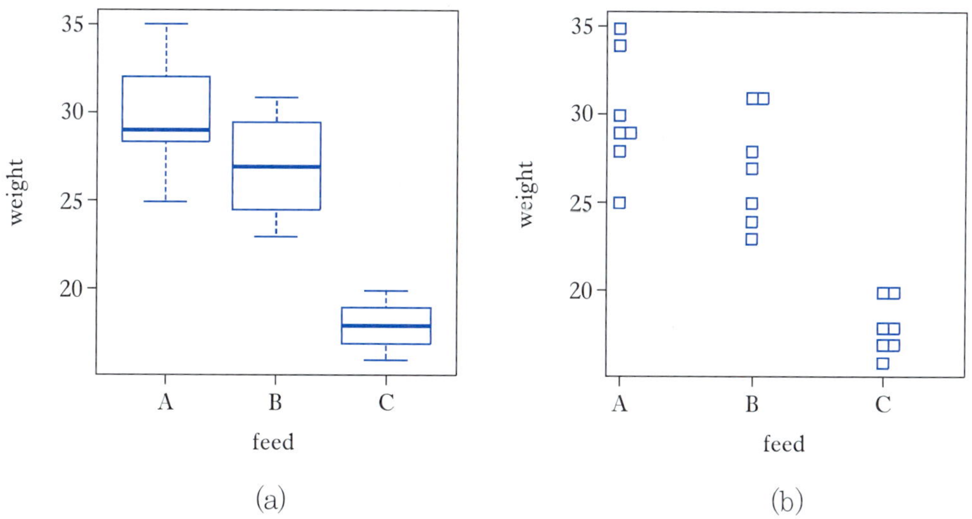

〈그림 2.2〉 사료의 종류에 따른 돼지의 체중 증가량 산점도

(R코드 설명)

- 돼지의 체중 증가량은 weight, 사료의 종류는 feed라는 이름으로 입력하였다. 여기서 rep 함수는 동일한 값을 반복적으로 생성할 때 사용되는 함수이며, 예를 들어 rep("A", 7)은 A를 7번 반복 생성하라는 의미이다.
- 자료가 두 가지 형태(문자와 숫자)로 혼합되어 있을 경우에는 데이터 프레임 형식으로 자료를 저장하여야 한다. 여기서 weight는 양적 자료이고, feed가 질적 자료이기 때문에 data.frame 함수를 이용하여 pig라는 데이터 프레임 형태의 자료로 저장하였다.[7)]
- 여러 집단을 비교하기 위한 상자그림은 plot 함수를 이용하여 출력할 수 있다. plot 함수는 두 변수 모두 연속형일 경우에는 산점도를 출력시켜 주며, 이때의 사용 형식은 plot(x축 변수명, y축 변수명)이다. 그러나 독립변수가 질적 변수일 경우에는 ~

7) 저장되는 자료의 형태가 동일할 경우는 행렬(matrix)로 저장하는 것이 편리하다.

를 사용하여 plot(y축 변수명~x축 변수명, 자료명)의 형식으로 입력하면 이때에는 산점도 대신 상자그림을 출력시켜준다. 여기서는 feed가 질적 변수이므로 plot(weight~feed, pig)와 같이 입력하였다.

○ 각 범주별로 측정값의 개수가 적을 경우에는 상자그림보다는 〈그림 2.2〉의 (b)와 같은 그림이 비교를 용이하도록 해 준다. (b)를 출력시키기 위해서는 with 함수를 사용하여 데이터 프레임명과 stripchart(weight~feed, vertical=T, method="stack")를 입력하면 된다. 여기서 'vertical=T'는 자료값들을 수직으로 표시하라는 의미이며, 만약 자료값들이 수평으로 나타나기를 원한다면 'vertical=F'라고 입력하면 된다.

(R 코드: 일원분산분석)

```
> res = lm(weight ~ feed, pig)
> summary(res)
Call:
lm(formula = weight ~ feed, data = pig)
Residuals:
       Min         1Q     Median         3Q        Max
-5.000e+00 -2.000e+00  1.368e-16  2.000e+00  5.000e+00
Coefficients:
            Estimate Std. Error t value Pr(>|t|)
(Intercept)   30.000      1.084  27.681 3.31e-16 ***
feedB         -3.000      1.533  -1.957    0.066
feedC        -12.000      1.533  -7.829 3.33e-07 ***
---
Signif. codes:  0 '***' 0.001 '**' 0.01 '*' 0.05 '.' 0.1 ' ' 1
Residual standard error: 2.867 on 18 degrees of freedom
Multiple R-squared: 0.7867,     Adjusted R-squared: 0.763
F-statistic:  33.2 on 2 and 18 DF,  p-value: 9.123e-07
```

(R코드 설명)

- 분산분석을 위해서 R에서 사용되는 함수는 lm이다. lm 함수의 사용 형식은 lm(모형, 자료명)이고, 모형은 일원분산분석의 경우 Y~X1, 이원분산분석의 경우에는 lm(Y ~ X1+X2)와 같이 입력한다. 여기서 Y는 측정값을, X1, X2는 인자를 각각 나타낸다.
- summary 함수는 사용된 모형, 잔차값(residuals), 계수(coefficients) 등의 정보를 출력시켜 주지만 이 중에서 coefficients: 에 주어진 estimate의 값[8]과 검정통계량의 값을 나타내는 F−statistic(=33.2), 그리고 P−값을 나타내는 p−value(=9.123e−07) 만이 분산분석에서 필요한 정보가 된다.

(R 코드: 일원분산분석표 출력)

```
> anova(res)
Analysis of Variance Table
Response: weight
          Df Sum Sq Mean Sq F value    Pr(>F)
feed       2 546.00  273.00  33.203 9.123e-07 ***
Residuals 18 148.00    8.22
Signif. codes:  0 '***' 0.001 '**' 0.01 '*' 0.05 '.' 0.1 ' ' 1
```

- 분산분석표의 출력을 위해서 R에서 제공되는 함수는 anova이다. anova 함수에서는 lm 함수의 출력 결과가 저장되어 있는 변수명(여기서는 res)을 인자로 사용한다. 출력 결과에서 '***'는 α=0.001에서, '**'는 α=0.01, '*'는 α=0.05에서 각각 유의하다는 것을 나타낸다. ❖

8) 30.00은 사료 A의 평균값이며, −3은 사료 B의 평균에서 사료 A의 평균을, −12는 사료 C의 평균에서 사료 A의 평균을 각각 뺀 값을 나타낸다.

(결과 해석)

○ 분산분석 결과에서 P−값 9.123×10^{-7}은 유의수준 0.05보다 작으므로 "사료의 종류간에 차이가 없다"는 귀무가설 H_0는 기각된다. 즉, "사료의 종류간에 차이가 있다"고 할 수 있는 것이다.

2.2.4 다중비교

인자 수준들의 평균이 같은지 또는 같지 않은지를 판단하는 F−검정은 일원분산분석에서 가장 기본적인 검정이다. F−검정 결과, "인자 수준들의 평균 μ_i는 모두 같다"는 귀무가설 H_0를 채택할 경우 더 이상의 분석은 필요가 없다. 그러나 검정 결과, 귀무가설 H_0가 기각되어 "인자 수준들의 평균 μ_i는 모두 같지 않다"고 할 경우 그러한 차이가 어디에서 발생되는지에 대한 추가 분석 즉, 다중비교(multiple com parisons)를 하게 된다.

수준수가 2개인 일원분산분석에서 귀무가설 H_0가 기각될 때 두 수준 평균간의 차이에 대한 검정은 t−검정법을 적용한다. 그러나 비교해야 될 수준수가 3개 이상인 경우에는 이 방법을 적용하는 것은 통계학적으로 부적절하다. 예를 들어, 수준수가 5개일 때 비교해야 될 두 수준평균짝들의 총개수는 $\binom{5}{2}=10$개가 되어 모두 10번의 t−검정을 실시해야 한다.

만약 유의수준 α에서 10번의 t−검정을 반복해서 실시할 경우 제1종 오류를 범할 확률은 사전에 정해진 α가 되는 것이 아니라 이보다 훨씬 커지게 된다. 즉, 유의수준 $\alpha=0.05$로 10번의 t−검정을 각각 독립적으로 할 경우에 제1종 오류를 범할 확률은 $1-(0.95)^{10}=0.401$로 0.05보다 훨씬 커진다.[9] 바꾸어 이야기하면, 각각의 t−검정에 대해서 유의수준의 크기를 0.401로 하여야만 모든 두 수준짝들의 검정에 대한 유의수준의 크기가 0.05가 될 수 있다는 것이다. 따라서 비교하여야 될 수준의 수가 많을수록 잘못된 결론(H_0가 참인데도 불구하고 H_0를 기각)을 내릴 확률은 점점 커지게 되는 것이다.

이와 같은 문제점을 해결하기 위하여 유의수준을 설정된 크기로 유지하면서 모든 두 수준짝들의 평균을 동시에 비교할 수 있도록 고안된 검정방법을 다중비교(multiple comparison)라 한다. 다중비교에서 모든 가능한 두 수준평균간의 차이에 대해서는 일반적으로 튜키(Tukey) 검정법과 던칸(Duncan) 검정법이 많이 사용되고 있다.

가. 튜키(Tukey)의 HSD검정법

튜키가 제안한 HSD(honestly significant difference)검정법은 스튜던트화 범위분포(studentized range distribution)를 이용하여 모든 가능한 두 수준짝들의 평균간에 차이가 있는지를 검정하는 방법이다.

9) 10개의 검정에서 H_0가 참일 때 10개 동시에 H_0를 기각하지 않을 확률은 $(0.95)^{10}$이다. 바꾸어 이야기하면, H_0가 참일 때 10개의 H_0중 적어도 하나 이상을 잘못 기각할 확률은 $1-(0.95)^{10}=0.401$이 된다. 따라서 동시에 10개의 t-검정을 실시하게 되면 최초 계획과는 달리 결과적으로 유의수준이 매우 커져 실제 H_0가 참 즉, 수준평균들간의 차이가 없음에도 불구하고 수준평균들간에 차이가 존재한다고 잘못된 결론을 내릴 확률이 아주 높아지게 되는 것이다.

[튜키의 HSD 검정 절차]

(단계 1) 부록의 〈표 5〉로부터 표준화범위분포의 상위 $100(1-\alpha)\%$ 백분위수값 $q_\alpha(r,\ n_T-r)$을 구한다. 여기서 r은 수준수를, n_T는 전체 관측수를 나타낸다.

(단계 2) $HSD_{ij}=q_\alpha(r,\ n_T-r)\sqrt{\dfrac{MSE}{n}}$ 를 계산한다.[10] 여기서 n은 각 수준별 표본수가 동일하다고 할 경우 수준별 표본수를 나타낸다.

(단계 3) $|\overline{Y_i}-\overline{Y_j}|>HSD_{ij}$이면 귀무가설 $H_0:\mu_i=\mu_j$를 기각하여 "유의수준 α에서 두 수준간에 차이가 있다"고 결론을 내린다.

예제 2.2 어떤 제품을 생산하고 있는 공장에서 실내 조명이 생산량에 영향을 미치고 있는지를 조사하기 위하여 4가지 조명상태(A, B, C, D)에 작업인원을 각각 5명씩 랜덤하게 배치한 후, 생산량을 측정하였다. 측정결과가 〈표 2.4〉와 같을 때 조명상태에 따라 생산량의 차이가 있다고 할 수 있는지를 유의수준 $\alpha=0.05$로 검정하여라. 만약 차이가 존재한다고 할 경우, 어떤 조명간에 차이가 존재하는지를 튜키 검정법을 이용하여 분석하여라.

10) 표본의 크기가 다를 경우에는 $HSD_{ij}=q_\alpha(r,\ n_T-r)\sqrt{\dfrac{1}{2}\left(\dfrac{1}{n_i}+\dfrac{1}{n_j}\right)MSE}$를 사용한다.

〈표 2.4〉 조명상태에 따른 생산량

조명상태	생산량				
A	120	100	155	132	138
B	86	74	99	105	95
C	111	150	108	92	120
D	125	140	132	121	123

풀이 – 가설 "$H_0 : \mu_A = \mu_B = \mu_C = \mu_D$, H_1 : 모든 μ_i는 같지 않다" 에 대한 검정 –

(R 코드: 일원분산분석)

```
> y=c(120,100,155,132,138,86,74,99,105,95,111,150,108,92,120,125,
  140,132,121,123)
> x=c(rep("A", 5), rep("B", 5), rep("C", 5), rep("D", 5))
> light=data.frame(y, x)
> result=lm(y~x, light)
```

(R 코드: 일원분산분석표 출력)

```
> anova(result)
 Analysis of Variance Table
 Response: y
             Df  Sum Sq   Mean Sq   F value   Pr(>F)
  x           3  4515.8   1505.27   5.531    0.008445 **
  Residuals 16   4354.4    272.15
  Signif. codes:  0 '***' 0.001 '**' 0.01 '*' 0.05 '.' 0.1 '
```

(결과 해석)

○ 검정통계량 F_0의 값은 5.531이고, 이때의 $P-$값은 0.0084이므로 귀무가설 H_0는 기각된다. 즉, "조명상태에 따라 생산량은 차이가 있다"고 할 수 있다.

– 모든 두 수준짝들의 차이에 대한 검정 –

튜키의 HSD_{ij}값을 계산하면(부록의 〈표 5〉로부터 $q_{0.05}(4,\ 16)=4.05$임)

$$HSD_{ij}=q_{0.05}(4,\ 16)\cdot\sqrt{\frac{272.15}{5}}=(4.05)\cdot(7.377)=29.879$$

이고, 이때 모든 수준에서의 반복수가 같으므로 각 수준평균간의 차이를 검정하는데 사용되는 HSD_{ij}값은 동일하다. 각 수준에서의 표본평균들을 크기 순서대로 나열한 후 두 수준평균간의 차이와 HSD_{ij}와 비교한 결과를 요약하면 다음과 같다.

〈표 2.5〉 수준간 표본평균의 차이와 HSD 검정 결과

	$\overline{y}_B$	$\overline{y}_C$	$\overline{y}_D$	$\overline{y}_A$
$\overline{y}_B$	–	24.2	36.4*	37.2*
$\overline{y}_C$		–	12.0	12.8
$\overline{y}_D$			–	0.8
$\overline{y}_A$				–

여기서 * 표시는 유의수준 $\alpha=0.05$에서 $\overline{y_i}-\overline{y_j}>HSD_{ij}$ 즉, 두 수준평균간에 유의한 차이를 보이고 있다는 것을 나타낸다. 따라서 "B와 D, B와 A간에는 차이가 있다"고 할 수 있다.

(R 코드: 튜키의 HSD검정)

```
> TukeyHSD(aov(y~x, light))
  Tukey multiple comparisons of means
    95% family-wise confidence level
  Fit: aov(formula = y ~ x, data = light)
$x        diff         lwr         upr       p adj
   B-A   -37.2  -67.050735   -7.349265   0.0123916
   C-A   -12.8  -42.650735   17.050735   0.6196106
   D-A    -0.8  -30.650735   29.050735   0.9998311
   C-B    24.4   -5.450735   54.250735   0.1305541
   D-B    36.4    6.549265   66.250735   0.0144677
   D-C    12.0  -17.850735   41.850735   0.6651756
```

(R코드 설명)

○ 튜키의 HSD검정을 하기 위해서 함수 TukeyHSD가 사용된다. TukeyHSD 함수의 인자로는 함수 aov가 사용되며, aov 함수의 사용 형식은 lm 함수와 동일하다. 즉, aov(모형, 자료명)과 같이 입력하면 된다.

(결과 해석)

○ 출력 결과에서 'diff'는 수준간의 차이를, 'lwr'와 'upr'는 각각 95% 신뢰구간의 하한값과 상한값을, 'p adj'는 $P-$값을 나타낸다. 출력결과에서 신뢰구간이 0을 포함하지 않거나 p adj의 값이 주어진 유의수준 $\alpha=0.05$보다 작으면 귀무가설 H_0는 기각된다.

○ 다중비교 결과 A와 B, B와 D에 대한 P 값이 주어진 유의수준 $\alpha=0.05$보다 작으므로 "조명 A와 B, B와 D간에는 생산량에서 차이가 있다"고 할 수 있다.

나. 던칸(Duncan) 검정법

던칸은 짝지어진 두 수준평균이 서로 같지 않다고 판정하기 위해서는 두 평균값의 차이가 다음과 같이 정의된 값 즉, 최소유의범위(least significant range: LSR)보다 커야한다고 하였다.

$$LSR_k = r_\alpha(n_T - r,\ k)\sqrt{\frac{MSE}{n}},\quad k = 2,\ 3,\ \cdots,\ r$$

여기서 $r_\alpha(n_T - r,\ k)$를 유의(significant range)범위라고 하며 부록의 〈표 6〉에 주어져 있다.

[던칸 검정 절차]

(단계 1) r개의 수준평균들을 계산하여 크기순으로 배열한다.

$$\overline{y_1} < \overline{y_2} < \cdots < \overline{y_r}$$

(단계 2) 부록의 〈표 6〉에서 유의범위 $r_\alpha(n_T - r,\ k)$를 구한다.

(단계 3) 최소유의범위(Least Significant Range)를 계산한다.[11)]

$$LSR_k = r_\alpha(n_T - r,\ k)\sqrt{\frac{MSE}{n}}$$

(단계 4) 짝지어진 두 수준평균간에 차이가 있다고 할 수 있는지를 판정한다. 이때 인접한 수준들간의 차이는 LSR_2와 비교하고, 2단계 떨어진 수준들간의 차이는 LSR_3와 비교하고, $r-1$단계 떨어진 수준들간의 차이는 LSR_r과 비교하여 그 차이가 최소유의범위값보다 크면 "유의수준 α에서 두 수준 평균간에는 차이가 있다"고 결론을 내린다.

예제 2.3 예제 2.2)를 던칸 검정법을 사용하여 검정하여라.

풀이 던칸의 최소유의범위 계산:

부록의 〈표 6〉에서 $n_T - r = 16$, $\alpha = 0.05$일 때 $k = 2, 3, 4$에 대한 유의범위는 각각 다음과 같다.

$$r_{0.05}(16, 2) = 3.00, \quad r_{0.05}(16, 3) = 3.15, \quad r_{0.05}(16, 4) = 3.23$$

따라서 최소유의범위는

$$LSR_2 = r_{0.05}(16, 2)\sqrt{\frac{272.15}{3}} = 22.131$$

$$LSR_3 = r_{0.05}(16, 3)\sqrt{\frac{272.15}{3}} = 23.240$$

$$LSR_4 = r_{0.05}(16, 4)\sqrt{\frac{272.15}{3}} = 23.830$$

각 수준평균들을 크기순으로 배열한 후 인접한 수준평균들간의 차이와 최소유의범위를 비교하면 다음과 같이 요약할 수 있다. 여기서 * 표시는 유의수준 $\alpha = 0.05$에서 유의함을 나타낸다.

11) 표본수가 다를 경우 $n_h = p / \sum_{i=1}^{p} (1/n_i)$를 n 대신 사용하여 $\sqrt{\frac{MSE}{n_h}}$을 계산한다.

〈표 2.6〉 수준간 표본평균의 차이와 던칸 검정 결과

	$\bar{y}_B$	$\bar{y}_C$	$\bar{y}_D$	$\bar{y}_A$
$\bar{y}_B$	−	24.2^{*}	36.4^{*}	37.2^{*}
$\bar{y}_C$		−	12.0	12.8
$\bar{y}_D$			−	0.8
$\bar{y}_A$				−

(R 코드: 던칸 검정을 위한 사용자 함수)

```
Duncan = function(ni, formular, dataframe, alpha, rep.equal = 1)
{
        r = length(ni)
        Ybar = numeric(r)
        nt = sum(ni)
        res = lm(formular, dataframe)
        MSE = anova(res)[2,3]
      if(alpha == 0.01) SSR = read.csv("SSR(0.01).csv", header=F)
      else SSR = read.csv("SSR(0.05).csv", header=F)
        tempName = character(r)
        for(j in 1:r){
                if(j == 1){
                        Ybar[j] = mean(dataframe[1:ni[j],1])
                        tempName[j] = dataframe[ni[j],2]
                        end = ni[j]+1
                }
                else{
                        Ybar[j] = mean(dataframe[end:(end+ni[j]-1),1])
                        tempName[j] = dataframe[end,2]
                        end = end+ni[j]
```

```
            }
        }
        names(Ybar) = tempName
        Ybar = sort(Ybar)
        DiffYbar = numeric(length(Ybar)^2)
        DiffYbar = matrix(DiffYbar, ncol=length(Ybar))
        colnames(DiffYbar) = names(Ybar)
        rownames(DiffYbar) = names(Ybar)
        for(i in 1:length(Ybar)){
                for(j in 1:length(Ybar)){
                        if(j > i) DiffYbar[i, j] = Ybar[j] - Ybar[i]
                }
        }
        LSR = numeric(r-1)
        if(rep.equal != 1){
                tempni = r * sum(1/ni)
                ni = rep(tempni, length(ni))
        }
        for(i in 1:(r-1)){
                LSR[i] = SSR[nt-r, i]*sqrt(MSE / ni[1])
        }
        LSR = round(LSR, 3)
        result = list(DiffYbar = DiffYbar, LSR = LSR)
        return(result)
}
```

(R코드 설명)

○ 던칸 검정을 위해서 사용자 함수 'Duncan'을 만들었다. Duncan 함수의 인자로 수준(처리)별 관측수(ni), 분산분석형식(formular), 데이터 프레임(dataframe), 유의수준(alpha), 그리고 반복수 동일여부(rep.equal) 등 다섯 가지를 입력하도록 프로

그램하였으며, 이 중 다섯 번째 인자 'rep.equal'은 수준별로 반복수가 동일할 경우와 동일하지 않을 경우로 구분하기 위하여 사용되었다. 여기서는 반복수가 동일하다는 것을 디폴트로 하기 위해서 'rep.equal=1'로 하였다.[12] 수준별 반복수가 동일하지 않을 경우에는 인자 'rep.equal'에 '1'이 아닌 임의의 값을 입력하면 된다.

○ 함수 사용 시 모든 두 수준 평균간의 차이값 DiffYbar와 LSR값이 리스트 형식으로 출력되도록 하였다.

○ R 코드에서 MSE는 lm 함수와 anova 함수로부터 구하였으며, for 함수를 사용하여 수준별 평균값을 계산한 후, 대비값과 범주별 평균값을 이용해서 모든 수준평균간의 차이를 계산하도록 하였다.

○ 던칸 검정을 위한 유의범위 $r_\alpha(n_T-r,\ k)$값은 유의수준이 0.05일 경우는 파일 'SSR(0.05).csv'에, 유의수준이 0.01일 경우는 파일 'SSR(0.01).csv'에 저장되어 있다. 따라서, 던칸 검정을 하기 위해서는 파일 'SSR(0.01).csv' 또는 'SSR(0.05).csv'을 R 프로그램이 실행되고 있는 디렉토리(폴더)로 읽어 들여야 한다.

※ R 프로그램의 메뉴 '파일'에서 '디렉토리변경'을 선택하여 두 개의 csv파일이 있는 곳으로 디렉토리 위치를 변경하면 된다.

※ 파일 'SSR(0.01).csv' 또는 'SSR(0.05).csv'을 읽을 때에 주의할 점은 $r_\alpha(n_T-r,\ k)$ 값이 파일에서는 'k−1'로 저장되어 있다는 것 즉, $r_\alpha(16,\ 2)$은 SSR[16, 1]로, $r_\alpha(16,\ 3)$은 SSR[16, 2]와 같은 형태로 저장되어 있다는 것이다.

○ 반복수가 다를 경우 if 함수를 사용하여 n_h 값을 구하도록 하였다.

12) 인자 'rep.equal'을 지정하지 않으면 Duncan 함수에서는 'rep.equal=1'로 받아들인다는 의미이다.

```
> ni = rep(5,4)
> Duncan(ni, y~x, light, 0.05, 1)
$DiffYbar
  2    3    4    1
2 0 24.4 36.4 37.2
3 0  0.0 12.0 12.8
4 0  0.0  0.0  0.8
1 0  0.0  0.0  0.0

$LSR
[1] 22.131 23.240 23.830
```

(R코드 설명)

○ 수준별 관측수를 ni에 저장한 후, Duncan 함수에 인자로 분산분석 모형, 데이터 프레임 자료명, 유의수준의 값, 그리고 수준별 반복수의 동일여부에 대한 값을 차례로 입력하였다.

(결과 해석)

○ 튜키의 검정 결과와 비교하면, 던컨 검정법에서는 B와 D, B와 A이외에도 B와 C 간에도 유의한 차이가 존재하고 있는 것으로 나타났다. 여기서 한 가지 알 수 있는 사실은 던컨 검정법이 두 평균간의 차이를 검출하는데 있어 튜키의 방법보다 약간 더 민감하다는 것이다. 즉, 튜키방법은 평균간의 차이가 적을 경우 이를 민감하게 검출하지 못한다고 할 수 있는 것이다.

튜키 검정법과 던컨 검정법은 설정된 유의수준의 크기가 그대로 유지된 가운데 모든 가능한 두 수준평균간의 차이에 대한 검정을 동시에 실시하는 검정법이다. 그러나 F−검정 결과, "인자 수준들의 평균 μ_i는 모두 같지 않다"고 판정할 경우 짝지어진 두 수준평균간의 차이에 대한 비교뿐만 아니라 경우에 따라서는 셋 이상의 수준평균들을 포함하여 비교를 해야 될 경우도 있다. 예를 들어 A, B, C 세 정유회사에서 생산되는 휘발유의 질이 같은지를 비교하는 실험에서 A정유회사는 원유를 인도네시아로부터, B와 C 두 정유회사는 원유를 사우디아라비아로부터 수입하고 있다고 하자. 이때 휘발유의 질이 원산지에 따라 차이가 있는지를 비교하는 경우가 바로 이에 해당되는 것이다.

분산분석에서는 둘 또는 그 이상의 수준평균들을 포함하는 비교를 하기 위하여 각 수준들의 평균 μ_i를 하나의 직선식으로 표현한 것을 대비(contrast)라고 하며 L로 표기한다.[13]

$$L = c_1\mu_1 + c_2\mu_2 + \cdots + c_r\mu_r, \qquad \sum_{i=1}^{r} c_i = 0$$

샤페(Scheffe)는 대비 $L = \sum c_i\mu_i$의 추정량으로 $\hat{L} = \sum c_i \overline{Y}_i$를, 추정량의 분산으로 $S^2(\hat{L}) = MSE\sum c_i^2/n_i$를, 샤페계수 $T = \sqrt{(r-1)F_\alpha(r-1,\ n_T - r)}$를 사용하여 대비 L을 검정하는 방법을 제시하였다.

[샤페 검정법]

- 가설 $H_0 : L = 0, \qquad H_1 : L \neq 0$
- 판정방법: 표본으로부터 계산된 통계량 $\hat{L}$의 값 $\hat{l}$이 유의수준 α에서

  $|\hat{l}\,| \le T \cdot s(\hat{L})$이면, 귀무가설 H_0를 채택

  $|\hat{l}\,| > T \cdot s(\hat{L})$이면, 귀무가설 H_0를 기각

13) 대비에는 앞에서 설명한 둘씩 짝지어진 두 수준평균간의 비교도 포함된다.

샤페 검정법에 의한 대비 L의 검정은 $100(1-\alpha)\%$ 신뢰구간을 이용하여 할 수도 있다. 즉, L에 대한 $100(1-\alpha)\%$ 신뢰구간을 계산하여 그 구간 안에 0이 포함되면 귀무가설 H_0를 채택하고, 그렇지 않으면 H_0를 기각하면 된다.

[대비 L의 $100(1-\alpha)\%$ 신뢰구간]

$$\hat{L} \pm T \cdot S(\hat{L}), \quad \text{여기서} \quad T = \sqrt{(r-1)F_\alpha(r-1,\ n_T - r)}$$

샤페 검정법은 표본의 크기가 같거나 또는 같지 않을 때 모두 적용 가능하다. 그리고 두 인자 수준 평균차 $\mu_i - \mu_j$가 대비 L의 한 특수한 형태이기 때문에 이에 대한 검정에도 사용가능하다.

예제 2.4 K 식품회사에서는 어떤 제품의 판매량이 포장지의 형태에 따라 차이가 있는지를 알아보기 위하여, 4 종류의 포장지를 사용하여 생산한 제품을 3개의 대리점에 공급하여 판매량을 조사하였다. 〈표 2.7〉의 자료를 이용하여 아래 물음에 답하여라.

〈표 2.7〉 포장지 형태에 따른 판매량

포장지의 형태	대리점			전체	평균
	1	2	3		
#1(3색+만화)	12	18		30	15
#2(3색)	14	12	13	39	13
#3(5색+만화)	19	17	21	57	19
#4(5색)	24	30		54	27
				180	18

(1) 포장지의 색상이 3색과 5색일 때 판매량에 있어서 차이가 있는지를 유의수준 $\alpha=0.10$에서 검정하여라.

(2) 만화의 삽입 여부에 따라 판매량 차이가 있는지를 유의수준 $\alpha=0.10$에서 검정하여라.

(3) 포장지가 3색일 때 만화의 삽입 여부에 따라 판매량 차이가 있는지를 유의수준 $\alpha=0.10$에서 검정하여라.

(4) 포장지가 5색일 때 만화의 삽입여부에 따라 판매량 차이가 있는지를 유의수준 $\alpha=0.10$에서 검정하여라.

풀이 (1) 대비 $L_1=\frac{\mu_1+\mu_2}{2}-\frac{\mu_3+\mu_4}{2}$의 추정값은 $\hat{l}_1=\frac{\overline{y_1}+\overline{y_2}}{2}-\frac{\overline{y_3}+\overline{y_4}}{2}=-9$이고, 표준오차는 $s(\widehat{L_1})=1.79$, 샤페계수는 $T=\sqrt{3\times F_{0.1}(3,\ 6)}=3.141$이다. 따라서

$$|-9|>(3.141)\cdot(1.79)=5.622$$

이므로 귀무가설 $H_0:L_1=0$는 기각되어 "포장지의 색상에 따라 판매량은 차이가 있다"고 할 수 있다.

(2) 대비 $L_2=\frac{\mu_1+\mu_3}{2}-\frac{\mu_2+\mu_4}{2}$의 추정값은 $\hat{l}_2=\frac{\overline{y_1}+\overline{y_3}}{2}-\frac{\overline{y_2}+\overline{y_4}}{2}=-3$이고, 표준오차는 $s(\widehat{L_2})=1.79$이다. 따라서

$$|-3|<(3.141)\cdot(1.79)=5.622$$

이므로 귀무가설 $H_0:L_2=0$는 채택되어 "만화 삽입여부에 따라 판매량은 차이가 없다"고 할 수 있다.

(3) 대비 $L_3=\mu_1-\mu_2$의 추성값은 $\hat{l}_3=\overline{y_1}-\overline{y_2}=2$이고, 표준오차는 $s(\hat{L}_3)=2.53$ 이다. 따라서

$$|2|<(3.141)\cdot(2.53)=7.947$$

이므로 귀무가설 $H_0:L=0$는 채택되어 "포장지가 3색일 때 만화 삽입여부에 따라 판매량은 차이가 없다"고 할 수 있다.

(4) 대비 $L_4=\mu_3-\mu_4$의 추정값은 $\hat{l}_4=\overline{y_3}-\overline{y_4}=-8$이고, 표준오차는 $s(\hat{L}_4)=2.53$ 이다. 따라서

$$|-8|>(3.141)\cdot(2.53)=7.947$$

이므로 귀무가설 $H_0:L=0$는 기각되어 "포장지가 5색일 때 만화 삽입여부에 따라 판매량은 차이가 있다"고 할 수 있다.

※ 참고적으로, 신뢰구간을 이용하여 검정을 하여 보도록 하자. 4가지 형태의 대비 각각에 대한 90% 신뢰구간을 구하면

$$-14.6\le L_1\le-3.4$$

$$-8.6\le L_2\le 2.6$$

$$-5.9\le L_3\le 9.9$$

$$-15.9\le L_4\le-0.1$$

이다. 여기서 대비 L_1 과 L_4의 신뢰구간이 0을 포함하고 있지 않으므로 두 경우에서만 귀무가설 H_0는 기각되어 위에서와 결과와 일치하게 됨을 알 수 있다.

(R코드 : 산점도 출력)

```
>sales = c(12,18,14,12,13,19,17,21,24,30)
>type = c(rep("1", 2), rep("2",3), rep("3",3), rep("4",2))
>foodcom = data.frame(sales, type)
>with(foodcom,stripchart(sales~type, vertical=T, method="stack"))
```

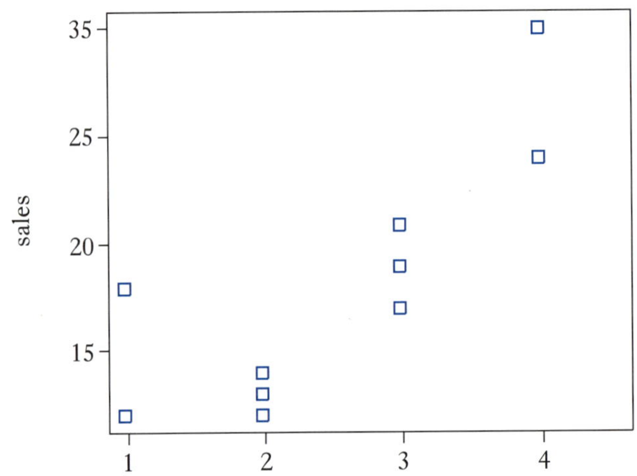

〈그림 2.3〉 수준별 판매량에 대한 산점도

(R코드 설명)

○ 예제 2.1 참조

(R코드 : 샤페 검정을 위한 사용자 함수)

```
> Scheffe = function(contr, ni, formular, dataframe, alpa)
  {
        r = length(ni)
        Ybar = numeric(r)
        res = lm(formular, dataframe)
        MSE = anova(res)[2,3]
        for(j in 1:r){
            if(j == 1){
                Ybar[j] = mean(dataframe[1:ni[j],1])
                end = ni[j]+1
            }
            else{
                Ybar[j] = mean(dataframe[end:(end+ni[j]-1),1])
                end = end+ni[j]
            }
        }
        L = t(contr)%*%Ybar
        L = as.integer(L)
        VarL = 0
        for(j in 1:r){
            VarL = VarL + contr[j]^2 / ni[j]
        }
        VarL = MSE * VarL
        T = sqrt((r-1)*qf(1-alpa, r-1, sum(ni)-r))
        TmulSD = T * sqrt(VarL)
        result = list(추정값 = abs(L), 비교값 = TmulSD)
        return(result)
  }
```

(R코드 설명)

○ 샤페 검정을 위해서 사용자 함수 'Scheffe'를 만들었다. Scheffe 함수의 인자로 대비값(contr), 수준별 관측수(ni), 분산분석형식(formular), 데이터 프레임(dataframe), 유의수준(alpa) 등 다섯 가지를 입력하도록 프로그램하였다.

○ 함수 사용 시 대비에 따른 추정값 $\hat{L}$와 비교값 $T \cdot S(\hat{L})$이 리스트 형식으로 출력되도록 하였다.

○ R 코드에서 MSE는 lm 함수와 anova 함수로부터 구하여지도록, 각 수준별 평균값은 for 함수를 사용하여 계산되도록 하였다.

○ 앞에서 구한 수준별 평균값을 이용하여 대비에 대한 추정값(L)을 구하였다.

※ 'L = t(contr)%*%Ybar'는 대비값과 각 수준별 평균값의 곱을 행렬을 이용하도록 하기위한 것임.

○ 그런 다음 추정값의 표준편차 $S(\hat{L})$를 구한 후에 샤페계수 T값을 곱하여 비교값 TmulSD를 계산하도록 하였다.

○ abs 함수는 추정값 $\hat{L}$의 절대값을 출력시키기 위하여 사용되었다.

(R코드 : 샤페 검정결과 출력)

```
> ni = c(2,3,3,2)
> alpavalue = 0.1
> # 포장지의 색상차이
> contrast = c(1/2,1/2,-1/2,-1/2)
> Scheffe(contrast, ni, sales~type, foodcom, alpavalue)
$추정값
[1] 9
$비교값
```

```
[1] 5.614027
> # 만화의 삽입 여부
> contrast = c(1/2,-1/2,1/2,-1/2)
> Scheffe(contrast, ni, sales~type, foodcom, alpavalue)
$추정값
[1] 3
$비교값
[1] 5.614027
> # 포장지가 3색일 때에 만화의 삽입여부
> contrast = c(1,-1,0,0)
> Scheffe(contrast, ni, sales~type, foodcom, alpavalue)
$추정값
[1] 2
$비교값
[1] 7.939433
> # 포장지가 5색일 때에 만화의 삽입여부
> contrast = c(0,0,1,-1)
> Scheffe(contrast, ni, sales~type, foodcom, alpavalue)
$추정값
[1] 8
$비교값
[1] 7.939433
```

(R코드 설명)

○ 데이터 프레임 foodcom의 수준별 관측수를 ni에, 대비값을 contrast라는 이름으로 입력한 후, Scheffe 함수 인자를 사용하였다.

(결과 해석)

○ 추정값과 비교값의 출력 결과를 보면 예제 2.4의 풀이와 동일한 결과를 얻을 수 있음을 알 수 있다.

※ 참고사항

모든 가능한 두 수준평균들 사이의 차이에 관한 검정의 경우, 표본의 크기가 같을 때에는 튜키의 검정법을, 표본의 크기가 다를 때에는 샤페의 검정법이 검정력이 우수한 것으로 알려져 있다. 하지만 다중비교 또는 대비에 대한 검정에서 어느 방법이 가장 우수하다고 단정적으로 말하기 어렵다. 따라서 이들 중 몇 개의 검정법을 동시에 실행하여 종합적으로 판단하는 것이 바람직하다고 할 수 있다.

2.2.5 기본 가정의 타당성 검토

회귀분석에서 주어진 모형에 대한 기본 가정들이 타당한지에 대한 검토는 매우 중요하다. 반면에 분산분석모형은 일부 가정들에 대하여 로버스트(robust)[14]하기 때문에 분산분석에서 기본 가정들의 만족성 여부에 대한 검토는 회귀분석의 경우보다는 덜 중요하다. 따라서 측정된 값들이 기본 가정들로부터 크게 벗어나지 않는다면 커다란 문제가 되지 않는다. 분산분석에서 기본 가정에 대한 검토는 회귀분석의 경우와 마찬가지로 잔차 $e_{ij} = Y_{ij} - \overline{Y_i}$를 이용하여 이루어진다.

14) 통계적 검정에서 사용된 검정법이 기본 가정(정규성, 독립성, 등분산성 등)을 벗어나는 것에 대하여 덜 영향을 받을 때 그 검정법은 '로버스트하다'고 말한다.

(1) 정규성

정규성에 대한 만족 여부는 각 수준에서 잔차들의 히스토그램, 상자그림, 또는 정규확률도 등을 이용하여 검토할 수 있다. 즉, 잔차에 대한 히스토그램이 정규분포와 비슷한 형태를 이루고 있거나 상자그림에서 특이값들이 나타나지 않고 대칭성에서 크게 벗어나지 않는다면 정규성은 만족된다고 보면 된다. 그리고 잔차들에 대한 정규확률도를 그렸을 때 잔차값들이 직선으로부터 크게 벗어나지 않는다면 정규성은 만족된다고 보면 된다.

(2) 오차의 등분산성

분산분석모형에서는 오차항 ϵ_{ij}가 모든 수준에서 동일한 분산을 갖는다고 가정하였다. 이러한 등분산성의 만족 여부는 각 수준에서 x축을 $\widehat{Y}_{ij}$, y축을 잔차 e_{ij}로 한 산점도를 이용하거나 또는 Bartlett이 제시한 검정법을 이용하여 판단하면 된다.

가. 잔차에 대한 산점도

잔차에 대한 산점도에서 $\widehat{Y}_{ij}$가 커짐에 따라 잔차의 흩어진 상태가 넓어진다면 이것은 측정값이 커짐에 따라 오차가 커진다고 볼 수 있다. 예를 들어 〈그림 2.4〉에서 (a)와 (b)의 경우 잔차값들은 0을 중심으로 흩어지는 경향이 비슷하므로 수준 1, 2의 분산은 동일하다고 할 수 있으며, 반면에 (c)의 경우는 (a)와 (b)와는 달리 잔차값들이 흩어져 있는 폭이 크므로 수준 3의 분산은 수준 1과 수준 2의 분산보다 크다고 할 수 있다.

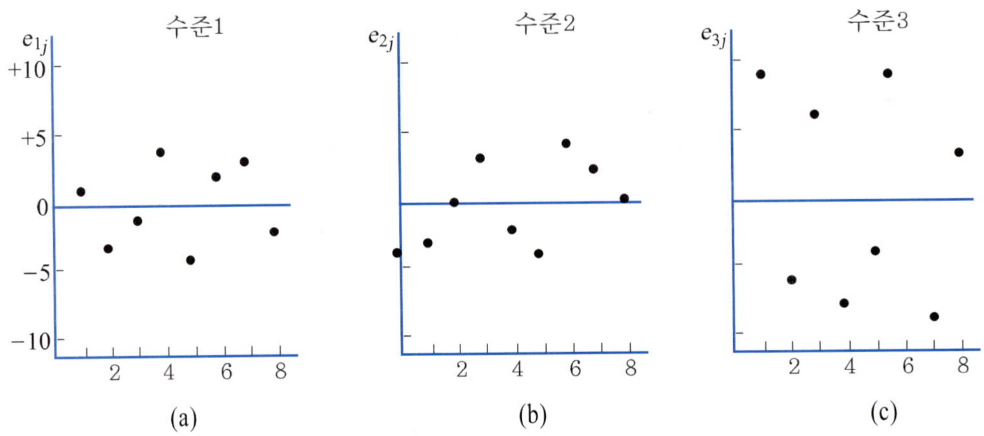

〈그림 2.4〉 등분산성의 가정이 성립하지 않는 경우

나. Bartlett 검정법

Bartlett 검정법은 표본의 크기가 같거나 같지 않을 경우 모두에 적용할 수 있는 방법으로서 가설

$$H_0 : \sigma_1^2 = \sigma_2^2 = \cdots = \sigma_r^2, \quad H_1 : \text{모든 } \sigma_i^2 \text{은 같지 않다.}$$

을 검정하기 위한 검정통계량으로

$$M = \frac{1}{c}\left[(n_T - r)\ln MSE - \sum_{i=1}^{r}(n_i - 1)\ln s_i^2\right]$$

를 사용한다. 여기서

$$c = 1 + \frac{1}{3(r-1)}\left(\sum \frac{1}{n_i - 1} - \frac{1}{n_T - r}\right), \quad MSE = \frac{1}{n_T - r}\sum(n_i - 1)s_i^2, \quad s_i^2\text{은}$$

i번째 수준의 표본분산을 각각 나타낸다.

통계량 M은 자유도 $r-1$인 χ^2분포로 근사해 가며, 만약 s_i^2간의 차이가 크면 통계량 M의 값은 커지게 되고, s_i^2간에 차이가 적으면 M의 값은 0에 가까워진다. 따라서 표본으로부터 계산된 검정통계량의 값 m이 $m > \chi^2_\alpha(r-1)$ 또는 $P-$값$= P(M \geq m) < \alpha$이면 유의수준 α에서 귀무가설 H_0는 기각하게되고, 그렇지 않으면 H_0는 채택하게 된다.

[Bartleet 검정]

- 가설: $H_0 : \sigma_1^2 = \sigma_2^2 = \cdots = \sigma_k^2$, H_1 : 모든 σ_i^2은 같지 않다
- 판정방법: 표본으로부터 계산된 검정통계량의 값 m가 유의수준 α에서
  $m \leq \chi^2_\alpha(r-1)$ 또는 $P-$값$= P(M \geq m) \geq \alpha$이면 귀무가설 H_0를 채택
  $m > \chi^2_\alpha(r-1)$ 또는 $P-$값$= P(M \geq m) < \alpha$이면 귀무가설 H_0를 기각

예제 2.5 어떤 회사에서는 완제품이 생산되기까지의 시간을 공장별로 구분하여 1번 공장에서는 20번, 2번 공장에서는 17번, 3번 공장에서는 21번을 반복 측정하였다. 측정값으로부터 계산된 통계량의 값들이 〈표 2.8〉과 같을 때 세 공장에서 완제품 생산에 소요되는 시간의 분산은 동일하다고 할 수 있는지를 유의수준 $\alpha = 0.05$에서 검정하여라. 단, 세 공장에서 완제품 생산에 소요되는 시간은 각각 정규분포를 따른다고 가정한다.

〈표 2.8〉 계산된 통계량의 값

공장	s_i^2	n_i-1	$(n_i-1)s_i^2$	$\ln s_i^2$	$(n_i-1)\ln s_i^2$
1	415	19	7,885	6.028	114.537
2	698	16	11,168	6.548	104.771
3	384	20	7,680	5.950	119.013
계		55	26,733		

풀이 $MSE=26{,}733/55=486.05$, $\ln MSE=\ln 486.05=6.186$, $c=1.025$이므로 검정 통계량의 값은

$$m=\frac{1}{1.025}(55\times 6.186-338.321)=1.879$$

가 된다. 따라서 $m=1.879<\chi^2_{0.05}(2)=5.99$이므로(또는 $P-$값을 계산하면 $P(M\geq 1.879)=0.391$이고, 이 값은 유의수준 $\alpha=0.05$보다 크므로) 귀무가설 H_0는 기각되지 않는다. 즉 "세 공장에서 완제품을 만드는데 소요되는 시간의 분산은 모두 동일하다"고 할 수 있다.

예제 2.6 연령대 별로 혈당량 조사한 결과가 〈표 2.9〉와 같다고 할 때 각 집단의 분산은 동일하다고 할 수 있는지를 유의수준 $\alpha=0.05$에서 검정하여라. (단위: mg/100ml)

〈표 2.9〉 계산된 통계량의 값

A	B	C	D	E
124	111	117	104	142
116	101	142	128	139
101	130	121	130	133
118	108	123	103	120
118	127	121	121	127
120	129	148	119	149
110	122	141	106	150
127	103	122	107	149
106	122	139	107	120
130	127	125	115	116

(R코드 : Bartleet 검정을 위한 사용자 함수)

```
> Bartlett = function(ni, formular, dataframe, alpha)
 {
     r = length(ni)
     nt = sum(ni)
     tempC = 0
     for(i in 1:r) tempC = tempC + 1/(ni[i]-1)
     C = 1 + (1/(3*(r-1)))*(tempC - 1/(nt-r))
     si = numeric(r)
     for(j in 1:r){
         if(j == 1){
             si[j] = var(dataframe[1:ni[j],1])
             end = ni[j]+1
         }
```

```
        else{
            si[j] = var(dataframe[end:(end+ni[j]-1),1])
            end = end+ni[j]
        }
    }
    res = lm(formular, dataframe)
    MSE = anova(res)[2,3]
    tempsum = 0
    for( i in 1:r) tempsum = tempsum + (ni[i] - 1)*log(si[i])
    Mvalue = (1/C)*((nt-r)*log(MSE) - tempsum)
    pvalue = 1-pchisq(Mvalue, alpa, r-1)
    result = list(Mvalue=Mvalue, pvalue = pvalue)
    return(result)
}
```

(R 코드 설명)

- Bartlett 검정을 위해서 사용자 함수 'Bartlett'를 만들었다. 함수의 인자로는 수준별 관측수(ni), 분산분석형식(formular), 데이터 프레임명(dataframe), 유의수준의 크기(alpha) 등 다섯 가지를 입력하도록 프로그램하였다.
- 함수 사용시 M값(Mvalue)과 $P-$값(Pvalue)이 리스트 형태로 출력되도록 하였다.
- 함수 Bartlett에서는 C값을 공식에 따라서 계산하고, 각각의 수준별로 분산을 구하기 위해서 'for loop'와 'si[j] = var(dataframe[1:ni[j],1])'를 이용하였다. MSE는 lm 함수와 anova 함수를 이용하여 구하도록 프로그램하였다.
- MSE에 log를 취한 값과 각 수준별 분산에 log를 취한 값 그리고 C값을 이용해서 M값을 계산하였고, M값에 따라서 카이제곱 분포를 이용해서 $P-$값을 계산하도록 프로그램하였다.

(R 코드 : Bartlett 검정 결과 출력)

```
> blood=c(124,116,101,118,118,120,110,127,106,130,111,101,130,108,127,129,
122,103,122,127,117,142,121,123,121,148,141,122,139,125,104,128,130,103,
121,119,106,107,107,115,142,139,133,120,127,149,150,149,120,116)
> group=c(rep("A",10), rep("B",10), rep("C",10), rep("D",10), rep("E",10))
> datablood=data.frame(blood, group)
> ni=c(10,10,10,10,10)
> Bartlett(ni, blood~group, datablood, 0.05)
$Mvalue
[1] 1.278642
$pvalue
[1] 0.7012279
```

(R 코드 설명)

- 각 수준별 관측수 'ni', 분산분석형식 'blood~group', 데이터 프레임, 그리고 유의수준의 크기를 Bartlett 함수의 인자로 입력한다.
- 검정통계량의 값은 Mvalue, $P-$값은 pvalue라는 이름으로 출력된다.

(결과 해석)

- Bartlett 검정 결과, 검정통계량의 값은 1.278642이고 이때의 $P-$값은 약 0.7012이다. $P-$값 0.7012는 유의수준 0.05보다 크므로 연령대별 분산은 차이가 없다고 할 수 있다. 즉, "등분산성의 가정이 만족된다"고 할 수 있다.

※ 가정이 성립하지 않을 경우의 해결책

① 가정이 성립하지 않을 경우 각 수준에서의 표본수가 같을 경우에는 그다지 영향을 받지 않으나 각 처리의 표본수가 다를 경우에는 많은 영향을 받게 된다. 따라서 이러한 경우에는 종속변수에 대한 변수변환을 하면 된다. 예를 들어 분산 σ_i^2이 수준평균 μ_i에 비례하는 경우에는 $\sqrt{Y}$ 또는 $\sqrt{Y}+\sqrt{Y+1}$ 변환을, 표준편차 σ_i가 수준평균 μ_i에 비례하는 경우에는 $\log Y$변환을 하면 된다.[15)]

② 정규성의 가정은 만족하면서 등분산성이 만족되지 않을 경우 분산을 안정시키기 위한 변환은 정규성을 위배하게 할 수 있다. 그러나 다행스럽게도 정규성과 등분산성의 위배는 동시에 일어나는 경우가 대부분이며, 이때 등분산성을 해결하기 위한 자료의 변환은 대개 정규성을 동시에 개선시키는 효과를 가져오게 된다.

③ 정규성의 가정이 심각하게 위배될 경우에는 비모수 검정법인 Kruskal-Wallis 검정법을 사용하는 것이 바람직하다.

2.2.6 일원분산분석모형-변량모형

일원분산분석에서 모수모형의 경우와는 달리 실험에서 사용된 수준 그 자체에 근본적인 관심이 있는 것이 아니라 수준들의 진체 집단에 관심이 있는 경우가 있다. 예를 들어 20대의 기계로 어떤 제품을 생산하고 있는 공장에서 4대의 기계를 랜덤으로 추출한 후 1주일 동안 4대의 기계에서 생산되는 일일 생산량을 조사한다고 할 경우, 이때의 관심은 4대의 기계가 아니라 공장 전체 기계와 관련된 추론에 있게 된다. 변량모형은 이러한 경우를 위하여 설계된 모형이다. 따라서 변량모형에서는 실험에서 사용된 r개의 수준이 전체 수준

15) 자료를 변환한 후에는 변환된 자료가 등분산성의 가정을 만족하는지를 반드시 검토하여야 한다.

의 모집단으로부터 추출된 확률표본이기 때문에 수준평균 μ_i를 확률변수로 간주하여 여기서 얻어진 결론을 모집단 전체로 확장하게 되는 것이다.

변량모형인 경우의 일원분산분석모형은 다음과 같다.

$$Y_{ij} = \mu_i + \epsilon_{ij} \qquad i = 1,\ 2,\ \cdots,\ r;\ j = 1,\ 2,\ \cdots,\ n \tag{3}$$

여기서 μ_i와 ϵ_{ij}는 모두 확률변수로서 μ_i는 $N(\mu,\ \sigma_\mu^2)$, ϵ_{ij}는 $N(0,\ \sigma^2)$을 따르고, μ_i와 ϵ_{ij}는 서로 독립이라고 가정한다.[16)]

변량모형에서는 일반적으로 모수 μ_i에 관한 추론보다는 μ_i의 모집단과 관련된 추론에 관심을 가지게 된다. 변량모형에서 Y_{ij}의 기대값은 기대값의 성질로부터

$$E(Y_{ij}) = E(\mu_i + \epsilon_{ij}) = E(\mu_i) + E(\epsilon_{ij}) = \mu + 0 = \mu$$

가 되고 Y_{ij}의 분산은 μ_i와 ϵ_{ij}가 서로 독립이므로 분산의 성질로부터

$$V(Y_{ij}) = V(\mu_i + \epsilon_{ij}) = V(\mu_i) + V(\epsilon_{ij}) = \sigma_\mu^2 + \sigma^2$$

가 된다.[17)] 그리고 μ_i의 분산인 σ_μ^2은 $V(Y_{ij})$에 대한 상대적인 크기 즉,

$$\frac{\sigma_\mu^2}{\sigma_\mu^2 + \sigma^2} \tag{4}$$

에 의하여 보다 의미있게 설명되어진다. 분모 $\sigma_\mu^2 + \sigma^2$은 측정값 Y_{ij}의 전체 변동을, 분자

16) 변량모형과 모수모형은 서로 비슷하지만 그 차이점은 모수모형에서 인자 수준 μ_i가 상수인 반면 변량모형에서는 μ_i가 확률변수라는 사실이다.

17) 모형 Y_{ij}의 분산은 두 성분 σ_μ^2와 σ^2의 합이기 때문에 변량모형은 때때로 분산성분모형(components of variance model)이라 부르기도 한다.

σ_μ^2은 인자 수준들간의 차이에 기인한 변동을 나타내므로 식 (4)는 Y_{ij}의 전체 변동중에서 인자 수준들간의 차이에 의해서 설명되어지는 변동량의 정도를 의미하게 된다. 기계 생산량의 예를 이용하여 설명하면, 분모는 공장내의 모든 기계에 의한 생산량의 총변동을, 분자는 기계간의 차이에 의한 생산량의 변동을 의미한다. 따라서 값이 0에 가깝다는 것은 기계들간의 차이가 거의 없다는 것을, 반면에 값이 0.5 또는 그 이상으로 크다는 것은 전체 변동 중 기계들 간의 차이에 따른 변동이 상당히 크다는 것을 나타낸다. 이러한 경우에는 기계들간의 차이를 줄일 수 있는 방안을 강구해야 할 것이다.

변량모형에서 가설검정은 개별 처리효과에 대한 검정이 아니라 다음과 같은 가설에 대한 검정을 한다.

$$H_o : \sigma_\mu^2 = 0, \qquad H_1 : \sigma_\mu^2 > 0 \tag{5}$$

여기서 귀무가설 H_0는 모든 수준 평균이 같다는 즉, $\mu_1 = \cdots = \mu_r = \mu$라는 것을, 반면에 대립가설 H_1은 수준평균들간에 차이가 있다는 것을 의미한다.[18)]

변량모형은 모수모형과 다르지만 분산분석은 동일한 형태로 이루어진다. 즉, 변량모형에서 평균제곱합 MSE와 $MSTR$의 기대값을 구하면

$$E(MSE) = \sigma^2$$
$$E(MSTR) = \sigma^2 + n'\sigma_\mu^2$$

여기서

$$n' = \frac{1}{r-1}\left[\left(\sum n_i\right) - \sum \frac{n_i^2}{\sum n_i}\right]$$

18) 기계 생산량에서 μ_i는 i번째 기계의 평균 생산량을 의미하므로 μ_i의 분산 σ_μ^2은 μ_i간의 차이가 클수록 그 값은 커지게 되고, 반면에 μ_i가 모두 같을 경우에는 $\sigma_\mu^2 = 0$이 된다.

이고, 이때 $\sigma_\mu^2 = 0$이라면 MSE와 $MSTR$의 기대값은 σ^2으로 동일할 것이며, $\sigma_\mu^2 \neq 0$이면 항상 $E(MSTR) > E(MSE)$가 될 것이다. 따라서 $MSTR$과 오차평균제곱 MSE의 상대적인 크기를 나타내는 통계량

$$F_0 = \frac{MSTR}{MSE}$$

이 검정통계량으로 사용되어 F_0의 값이 크면 귀무가설은 기각되어 질 것이다. 귀무가설 H_0가 사실일 때 검정통계량 F_0는 자유도가 $r-1$과 n_T-r인 F분포를 따르게 된다. 따라서 표본으로부터 계산된 검정통계량의 값을 f_0라고 할 때 $f_0 > F_\alpha(r-1,\ n_T-r)$ 또는 $P-$값$= P(F_0 \geq f_0) < \alpha$이면 유의수준 α에서 귀무가설 H_0를 기각하게 되고, 그렇지 않으면 H_0를 채택하게 된다.

[인자효과에 대한 검정]

- 가설 : $H_o : \sigma_\mu^2 = 0, \quad H_1 : \sigma_\mu^2 > 0$
- 판정방법 : 표본으로부터 계산된 검정통계량의 값 f_0가 유의수준 α 에서

  $f_0 \leq F_\alpha(r-1,\ n_T-r)$ 또는 $P-$값$=P(F \geq f_0) \geq \alpha$이면 H_0를 채택

  $f_0 > F_\alpha(r-1,\ n_T-r)$ 또는 $P-$값$=P(F \geq f_0) < \alpha$이면, H_0를 기각

예제 2.7 어떤 대기업에서 신입사원 면접시험을 위하여 기업 선제 이사들중에서 5명을 랜덤으로 뽑은 후 지원자들을 면접하도록 하였다. 면접에서 이사들이 지원자들에게 부여한 점수가 〈표 2.10〉과 같다고 할 때 이사들이 부여한 면접점수간에 차이가 있다고 할 수

있는지를 유의수준 $\alpha = 0.05$에서 검정하여라.

〈표 2.10〉 지원자들의 면접점수

이사	면접점수			
A	76	64	85	75
B	58	75	81	66
C	49	63	62	46
D	74	71	85	90
E	66	74	81	79

풀이 (1) 귀무 및 대립가설은 다음과 같이 설정된다.

$$H_o : \sigma_\mu^2 = 0, \quad H_1 : \sigma_\mu^2 > 0$$

〈표 2.10〉의 자료로부터 작성된 분산분석표는 〈표 2.11〉과 같으며, 여기서 검정 통계량 F_0의 값 $f_0 = 4.89 > F_{0.05}(4,\ 15) = 3.06$이므로(또는 $P-$값을 계산하면 $P(F_0 \geq 4.89) = 0.010$이고, 이 값은 유의수준 $\alpha = 0.05$보다 작으므로) 귀무가설 H_0는 기각된다. 즉, "기업내의 이사들이 부여한 점수간에는 차이가 있다"고 할 수 있다.

〈표 2.11〉 일원분산분석표

요인	제곱합	자유도	평균제곱	F_0	$P-$값
처리	1480	4	370	4.89	0.010
오차	1134	15	75.6		
전체	2614	19			

(R코드 : 일원분산분석표 출력)

```
> score = c(76,64,85,75,58,75,81,66,49,63,62,46,74,71,85,90,66,74,81,79)
> director = c(rep("A",4),rep("B",4),rep("C",4),rep("D",4),rep("E",4))
> selection = data.frame(score, director)
> res = lm(score ~ director, selection)
> anova(res)
Analysis of Variance Table
Response: score
           Df Sum Sq Mean Sq F value   Pr(>F)
director    4   1480   370.0   4.8942 0.009992 **
Residuals  15   1134    75.6
Signif. codes:  0 '***' 0.001 '**' 0.01 '*' 0.05 '.' 0.1 '
```

2.3 이원분산분석

지금까지는 반응변수에 영향을 주는 인자가 하나인 일원분산분석에 대하여 살펴보았다. 이 절에서는 반응변수에 영향을 주는 인자가 두 개인 이원분산분석에 대하여 알아보도록 할 것이다.

일원분산분석과 이원분산분석의 차이점은 일원분산분석에서는 인자 수준 그 자체가 하나의 처리가 되지만 이원분산분석에서는 각 인자 수준들의 조합 하나 하나가 한 개의 처리로 간주된다는 것이다. 즉, 인자 A가 a 개의 수준, 인자 B가 b 개의 수준을 각각 가질 때 두 인자 수준들의 총 처리수는 ab 가지가 된다.

일반적으로 실험 결과에 대한 신뢰도를 높이기 위해서는 가능하다면 주어진 조건하에서

2회 이상 실험을 반복하는 것이 바람직하다. 하지만 때로는 반복 실험이 불가능할 경우도 있을 수 있기 때문에 여기서는 이러한 경우를 구분하여 설명하도록 하겠다.

2.3.1 반복실험이 아닌 경우

(1) 이원분산분석모형

두 개의 인자 A와 B가 각각 a개와 b개의 수준을 가지고, 각 처리에서의 측정수가 한 개인 이원분산분석은 다음과 같은 형태의 모형을 가진다.

$$Y_{ij}=\mu_{ij}+\epsilon_{ij}, \qquad i=1,\ 2,\ \cdots,\ a;\quad j=1,\ 2,\ \cdots,\ b$$

여기서 인자 A의 i번째 주효과를 $\alpha_i(=\mu_{i\cdot}-\mu)$, 인자 B의 주효과를 $\beta_j(=\mu_{\cdot j}-\mu)$라고 할 때 위의 모형은 다음과 같이 표현되어진다.

$$Y_{ij}=\mu+\alpha_i+\beta_i+\epsilon_{ij}, \qquad i=1,\ 2,\ \cdots,\ a;\quad j=1,\ 2,\ \cdots,\ b$$

[이원분산분석모형-처리내에 측정값이 한 개뿐인 경우]

$$Y_{ij}=\mu+\alpha_i+\beta_j+\epsilon_{ij} \qquad i=1,\ 2,\ \cdots,\ a;\quad j=1,\ 2,\ \cdots,\ b$$

여기서 Y_{ij}는 인자 A의 i번째와 인자 B의 j번째 처리에서의 측정값,

μ는 전체 모집단의 평균,

α_i와 β_j는 각각 인자 A의 i번째와 인자 B의 j 번째 주효과,

ϵ_{ij}는 오차로서 서로 독립이며 $N(0,\ \sigma^2)$를 따름.

두 개의 인자 A와 B가 각각 a개와 b개의 수준을 가지며 각 처리내에 측정값이 하나일 경우의 자료구조는 <표 2.12>와 같다.

<표 2.12> 이원분산분석의 자료구조(처리내의 측정수가 한 개뿐일 경우)

인자 A \ 인자 B	1	2	…	b	평균
1	Y_{11}	Y_{12}	…	Y_{1b}	$\overline{Y}_{1\cdot}$
2	Y_{21}	Y_{22}	…	Y_{2b}	$\overline{Y}_{2\cdot}$
⋮	⋮	⋮	⋮	⋮	⋮
a	Y_{a1}	Y_{a2}	…	Y_{ab}	$\overline{Y}_{a\cdot}$
평균	$\overline{Y}_{\cdot 1}$	$\overline{Y}_{\cdot 2}$	…	$\overline{Y}_{\cdot b}$	$\overline{Y}_{\cdot\cdot}$

(2) 기본 원리와 분산분석표

처리내에 측정값이 한 개인 이원분산분석모형은 편차 $Y_{ij}-\overline{Y}_{\cdot\cdot}$를 다음과 같이 3개의 성분합으로 나타낼 수 있다.

$$Y_{ij}-\overline{Y}_{\cdot\cdot}=(\overline{Y}_{i\cdot}-\overline{Y}_{\cdot\cdot})+(\overline{Y}_{\cdot j}-\overline{Y}_{\cdot\cdot})+(Y_{ij}-\overline{Y}_{i\cdot}-\overline{Y}_{\cdot j}+\overline{Y}_{\cdot\cdot})$$

양변을 제곱한 후에 모든 측정값에 대하여 더하면 위식은 다음과 같게 된다.

$$\sum_{i=1}^{a}\sum_{j=1}^{b}(Y_{ij}-\overline{Y}_{\cdot\cdot})^2=b\sum_{i=1}^{a}(\overline{Y}_{i\cdot}-\overline{Y}_{\cdot\cdot})^2+a\sum_{j=1}^{b}(\overline{Y}_{\cdot j}-\overline{Y}_{\cdot\cdot})^2+\sum_{i=1}^{a}\sum_{j=1}^{b}(Y_{ij}-\overline{Y}_{i\cdot}-\overline{Y}_{\cdot j}+\overline{Y}_{\cdot\cdot})^2$$

$$SST \quad = \quad SSA \quad + \quad SSB \quad + \quad SSE$$

자유도: $ab-1$ $\qquad a-1 \qquad b-1 \qquad (a-1)(b-1)$

위식으로부터 총제곱합 SST는 인자 A의 수준평균들 사이의 제곱합 SSA와 인자 B의 수준평균들 사이의 제곱합 SSB, 그리고 기타 요인에 의해서 발생되는 오차제곱합 SSE로 분할되어지고, 이들 사이에는 $SST = SSA + SSB + SSE$의 관계가 성립하게 됨을 알 수 있다.

처리내의 측정수가 한 개뿐인 경우의 이원분산분석표는 〈표 2.13〉과 같다.

〈표 2.13〉 이원분산분석표 – 처리내의 측정수가 한 개뿐일 경우

요인	제곱합	자유도	평균제곱	F_0
인자 A	SSA	$a-1$	MSA	MSA/MSE
인자 B	SSB	$b-1$	MSB	MSB/MSE
오차	SSE	$(a-1)(b-1)$	MSE	
전체	SST	$ab-1$		

(3) 인자효과에 대한 검정

가. 인자 A의 효과

인자 A의 효과를 검정하기 위한 가설은

$$H_0 : \alpha_1 = \cdots \alpha_a = 0$$

$$H_1 : \text{모든 } \alpha_i \text{는 0이 아니다. } i = 1, \cdots, a$$

이며, 검정통계량으로

$$F_0 = \frac{MSA}{MSE}$$

가 사용된다. 검정통계량 F_0는 귀무가설 H_0가 사실일 때 자유도 $a-1$과 $(a-1)(b-1)$인 F분포를 따른다. 따라서 표본으로부터 계산된 검정통계량 F_0의 값을 f_0라고 할 때 주어진 유의수준 α에서 $f_0 > F_\alpha[a-1,\ (a-1)(b-1)]$ 또는 $P-$값$=P(F_0 \ge f_0) < \alpha$이면 귀무가설 H_0를 기각한다.

나. 인자 B의 효과

인자 B의 효과를 검정하기 위한 가설은

$$H_0 : \beta_1 = \cdots = \beta_b = 0$$

$$H_1 : \text{모든 } \beta_j \text{는 0이 아니다}, \quad j=1, \cdots, b$$

이며, 검정통계량으로

$$F_0 = \frac{MSB}{MSE}$$

가 사용된다. 검정통계량 F_0는 귀무가설 H_0가 사실일 때 자유도 $b-1$과 $(a-1)(b-1)$인 F분포를 따른다. 따라서 표본으로부터 계산된 검정통계량 F_0의 값을 f_0라고 할 때 주어진 유의수준 α에서 $f_0 > F_\alpha[b-1,\ (a-1)(b-1)]$ 또는 $P-$값$=P(F_0 \ge f_0) < \alpha$이면 귀무가설 H_0를 기각한다.

[인자효과에 대한 검정]

(1) 인자 A의 효과

- 가설 : $H_0 : \alpha_1 = \cdots \alpha_a = 0$, H_1 : 모든 α_i는 0이 아니다.

- 검정통계량: $F_0 = \dfrac{MSA}{MSE}$
- 판정방법 : 표본으로부터 계산된 검정통계량 F_0의 값 f_0가 유의수준 α에서 $f_0 > F_\alpha[a-1,\ (a-1)(b-1)]$ 또는 $P-$값$<\alpha$이면, 귀무가설 H_0를 기각

(2) 인자 B의 효과

- 가설 : $H_0 : \beta_1 = \cdots = \beta_b = 0$, H_1 : 모든 β_j는 0이 아니다
- 검정통계량: $F_0 = \dfrac{MSB}{MSE}$
- 판정방법 : 표본으로부터 계산된 검정통계량 F_0의 값 f_0가 유의수준 α에서 $f_0 > F_\alpha[b-1,\ (a-1)(b-1)]$ 또는 $P-$값$<\alpha$이면, 귀무가설 H_0를 기각

예제 2.8 K와 M 두 보험회사의 차종(1,000cc이하, 1,500cc, 1,800cc)에 따른 분기별 보험료(단위 : 천원)가 〈표 2.14〉와 같다고 할 때 유의수준 $\alpha = 0.05$로 차종(인자 A)과 보험회사(인자 B)의 효과에 대한 검정을 하여라.

〈표 2.14〉 보험회사와 차종에 따른 보험료

차 종 \ 보험회사	K회사	M회사	평 균
1,000cc 이하	140	100	120
1,500cc	210	180	195
1,800cc	220	200	210
평 균	190	160	175

풀이 제곱합 및 분산분석표는 다음과 같다.

$$SSA = 2[(120-175)^2 + (195-175)^2 + (210-175)^2] = 9,300$$

$$SSB = 3[(190-175)^2 + (160-175)^2] = 1,350$$

$$SSE = (140-120-190+175)^2 + \cdots + (200-210-160+175)^2 = 100$$

$$SST = (140-175)^2 + \cdots + (200-175)^2 = 10,750$$

〈표 2.15〉 이원분산분석표

요인	제곱합	자유도	평균제곱	F_0	$P-$값
인자 A	9,300	2	4,650	93	0.0106
인자 B	1,350	1	1,350	27	0.0350
오차	100	2	50		
전체	10,750	5			

(1) 인자 A의 효과에 대한 검정

귀무 및 대립가설은

$$H_0 : \alpha_1 = \alpha_2 = \alpha_3 = 0, \quad H_1 : \text{모든 } \alpha_i \text{는 0이 아니다}, \quad i = 1, 2, 3$$

이며, 이를 검정하기 위한 검정통계량이 값을 계산하면

$$f_0 = \frac{4,650}{50} = 93$$

이 된다. 그리고 이때의 $P-$값은 $P(F_0 \geq 93) = 0.0106$으로 유의수준 $\alpha = 0.05$보다 작으므로 귀무가설 H_0는 기각된다. 즉, "보험료는 지역에 따라 차이가 있다"고 할 수 있다.

(2) 인자 B의 효과에 대한 검정

귀무 및 대립가설은

$$H_0 : \beta_1 = \beta_2 = 0, \quad H_1 : \text{모든 } \beta_j \text{는 0이 아니다}, \quad j = 1,\ 2$$

이며, 이를 검정하기 위한 검정통계량의 값을 계산하면

$$f_0 = \frac{1,350}{50} = 27$$

이 된다. 그리고 이때의 P-값은 $P(F_0 \geq 27) = 0.0350$으로 유의수준 $\alpha = 0.05$보다 작으므로 귀무가설 H_0는 기각된다. 즉, "보험료는 보험회사에 따라 차이가 있다"고 할 수 있다.

(R코드 : 이원분산분석표 출력)

```
> cost = c(140,100,210,180,220,200)
> car = c("1000","1000","1500","1500","1800","1800")
> company = c("K","M","K","M","K","M")
> insurance = data.frame(cost, car, company)
> res = lm(cost ~ car + company, insurance)
> anova(res)
Response: cost
           Df  Sum Sq  Mean Sq  F value  Pr(>F)
car         2   9300    4650     93      0.01064 *
company     1   1350    1350     27      0.03510 *
Residuals   2    100      50
```

(R코드 설명)

- 종속변수(보험료)를 cost, 독립변수(차종과 보험회사)를 car와 company란 이름으로 자료를 입력한다.
- 자료는 문자와 숫자가 혼합되어 있으므로 data.frame 함수를 사용하여 insurance 라는 데이터프레임 형식의 자료로 저장한다.
- lm 함수를 사용하여 분석모형과 분석할 자료명을 입력한다.
- 분산분석표를 출력하기 위하여 anova 함수를 사용한다.

(결과 해석)

- 분산분석표에서 인자 차종(car)의 효과에 대한 결과를 보면, 검정통계량의 값은 93이고 이때의 $P-$값은 0.01064로 유의수순 $\alpha=0.05$보다 작다. 따라서 "보험료는 차종에 따라 차이가 있다"고 할 수 있다.
- 인자 보험회사(company)의 효과에 대한 결과를 보면, 검정통계량의 값은 27이고 이때의 $P-$값은 0.03510으로 역시 유의수준 $\alpha=0.05$보다 작다. 따라서 "보험료는 보험회사에 따라 차이가 있다"고 할 수 있다.

2.3.2 반복실험인 경우

(1) 이원분산분석모형

두 개의 인자 A와 B가 각각 a개와 b개의 수준을 가지며 각 처리에는 반복 측정된 값이 n개 존재한다고 하자. 이때 인자 A의 i 번째 수준과 인자 B의 j 번째 수준에서 측정된 k 번째 값을 Y_{ijk}라고 할 때 Y_{ijk}에는 인자 A와 B의 효과뿐만 아니라 두 인자의 교호작용에 의해서 발생되는 효과도 포함하게 된다. 여기서 교호작용효과(interaction effect)란 인자 A와 B가 서로 복잡하게 얽혀 나타나는 반응효과를 말한다. 예를 들어 강철의 강도가 탄소 함유량과 담금 온도에 따라 어떻게 변화하는지에 대한 실험에서 탄소 함유량은 적지만 담금 온도가 높을수록 철강의 강도가 높아지고, 반대로 탄소 함유량은 많지만 담금 온도가 낮을수록 철강의 강도가 높아지는 현상이 발생할 경우 이것은 바로 두 인자 사이의 교호작용에 의해서 생겨나는 효과가 되는 것이다.

각 처리에서 n번 반복 측정된 이원분산분석에서는 전체 모평균 μ와 각 인자 수준들의 평균 $\mu_{i\cdot}$ 또는 $\mu_{\cdot j}$간의 차이를 주효과(main effect)라 하며, 각각 α_i와 β_j로 표기한다. 즉,

- 인자 A의 i 번째 주효과 : $\alpha_i = \mu_{i\cdot} - \mu$
- 인자 B의 j 번째 주효과 : $\beta_j = \mu_{\cdot j} - \mu$

그리고 처리평균 μ_{ij}와 $\mu_{i\cdot} + \mu_{\cdot j} - \mu$와의 차이를 교호작용효과라 하며 $(\alpha\beta)_{ij}$로 표기한다. 즉,

$$
\begin{aligned}
(\alpha\beta)_{ij} &= \mu_{ij} - \mu_{i\cdot} - \mu_{\cdot j} + \mu \\
&= \mu_{ij} - (\mu + \alpha_i + \beta_j)
\end{aligned}
$$

따라서 처리내에서의 측정값이 n 개인 이원분산분석모형 $Y_{ijk} = \mu_{ij} + \epsilon_{ijk}$가 주효과 α_i와 β_j, 교호작용효과 $(\alpha\beta)_{ij}$항을 포함하게 될 경우 다음과 같이 표현된다.

$$Y_{ijk} = \mu + \alpha_i + \beta_j + (\alpha\beta)_{ij} + \epsilon_{ijk},$$

여기서 μ는 전체에 대한 모평균, $\sum_i \alpha_i = 0$, $\sum_j \beta_j = 0$,

$$\sum_i \sum_j (\alpha\beta)_{ij} = 0 \text{ 임.}$$

[이원분산분석모형]

$$Y_{ijk} = \mu + \alpha_i + \beta_j + (\alpha\beta)_{ij} + \epsilon_{ijk}$$

$$i = 1,\ 2,\ \cdots,\ a;\ j = 1,\ 2,\ \cdots,\ b;\ k = 1,\ 2,\ \cdots,\ n$$

여기서 Y_{ijk}는 인자 A의 i번째와 인자 B의 j번째 수준에서의 k번째 측정값,

μ는 전체 모집단의 평균,

α_i와 β_j는 각각 인자 A의 i번째와 인자 B의 j 번째 주효과,

$(\alpha\beta)_{ij}$는 인자 A의 i번째와 인자 B의 j 번째 처리에서의 교호작용효과,

ϵ_{ijk}는 오차로서 서로 독립이며 $N(0,\ \sigma^2)$을 따름.

교호작용효과가 존재한다는 것은 두 요인이 서로 복잡하게 얽혀 반응효과가 나타나고 있다는 것을 의미한다. 두 요인 사이의 교호작용 존재여부는 두 요인의 모든 수준에서 평균값을 계산하여 그림을 그려 봄으로써 개략적으로 알 수 있다. 즉, 평균값에 대한 그림에서 두 직선이 평행인 경우에는 교호작용이 없다고 보며, 평행상태에서 심하게 벗어나거나 교차하는 경우는 교호작용이 존재한다고 할 수 있다.[19] 예를 들어, 어떤 일을 배우는데 걸리는 시간을 연령(10대, 30대, 50대)과 성별(남, 여)에 따라 조사하여 그 평균값을 계산한 후, 이를 그래프로 나타낸 결과가 〈그림 2.5〉와 같다고 하자. 이때 그림 (a)의 경우, 남자와 여자 모두 일을 배우는데 걸리는 시간 차이가 모든 수준에서 4시간으로 일정하기 때문에 두 직선은 평행으로 나타나며, 이것은 인자 A와 B 사이에 교호작용이 존재하지 않는다는 것을 의미하는 것이다. 반면에 그림 (b)의 경우, 성별에 따라 일을 배우는데 걸리는 시

19) 그림에 의한 판단은 일차적인 분석을 위해서 유용하다고 할 수 있다. 따라서 교호작용효과의 존재 여부에 대한 보다 정확한 판단은 유의성 검정을 통하여 이루어져야 한다.

간에서 서로 차이가 나며 또한 각 연령대에서도 서로 차이가 있어 평균값들을 연결한 직선은 서로 교차하여 나타나고 있다. 이것은 인자 A와 B 사이에 교호작용이 존재하고 있기 때문에 이러한 현상이 나타나고 있음을 의미하는 것이 된다.

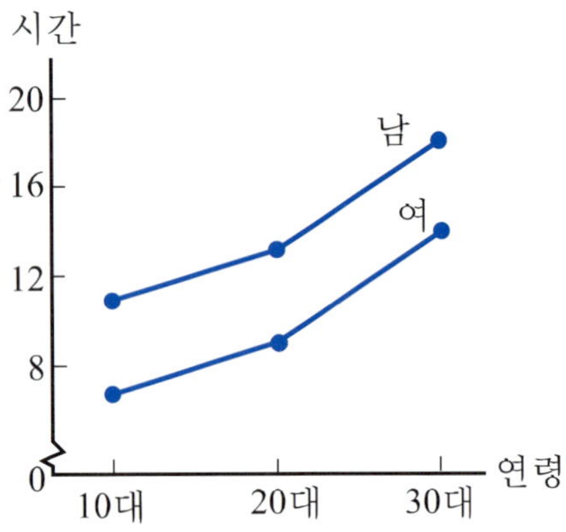

(a) 교호작용이 없는 경우

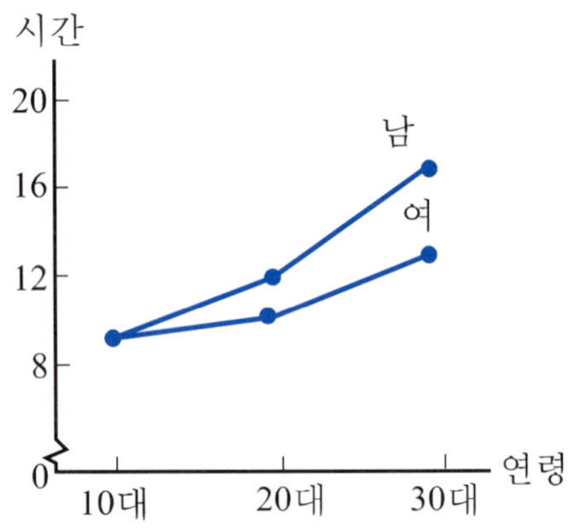

(b) 교호작용이 있는 경우

〈그림 2.5〉 각 처리에서의 평균값에 대한 그림

(2) 기본 원리와 분산분석표

반복측정이 있을 경우 편차 $Y_{ijk}-\overline{Y}_{\cdots}$는 다음과 같이 4개의 성분합으로 나타낼 수 있다.

$$Y_{ijk}-\overline{Y}_{\cdots} = (\overline{Y}_{i\cdot\cdot}-\overline{Y}_{\cdots})+(\overline{Y}_{\cdot j\cdot}-\overline{Y}_{\cdots})+(\overline{Y}_{ij\cdot}-\overline{Y}_{i\cdot\cdot}-\overline{Y}_{\cdot j\cdot}+\overline{Y}_{\cdots})+(Y_{ijk}-\overline{Y}_{ij\cdot})$$

여기서 $\overline{Y}_{\cdots}$는 전체 평균,

$\overline{Y}_{i\cdot\cdot}$와 $\overline{Y}_{\cdot j\cdot}$는 각각 요인 A의 i번째와 요인 B의 j번째 처리의 평균,

$\overline{Y}_{ij\cdot}$는 요인 A의 i번째와 요인 B의 j번째 처리의 평균을 나타냄.

위 식에서 양변을 제곱한 후에 모든 측정값에 대하여 더하면

$$\sum_{i=1}^{a}\sum_{j=1}^{b}\sum_{k=1}^{n}(Y_{ijk}-\overline{Y}_{\cdots})^2 = bn\sum_{i=1}^{a}(\overline{Y}_{i\cdot\cdot}-\overline{Y}_{\cdots})^2 + an\sum_{j=1}^{b}(\overline{Y}_{\cdot j\cdot}-\overline{Y}_{\cdots})^2$$

$$+n\sum_{i=1}^{a}\sum_{j=1}^{b}(\overline{Y}_{ij}-\overline{Y}_{i\cdot\cdot}-Y_{\cdot j\cdot}+\overline{Y}_{\cdots})^2$$

$$+\sum_{i=1}^{a}\sum_{j=1}^{b}\sum_{k=1}^{n}(Y_{ijk}-\overline{Y}_{ij\cdot})^2$$

가 되고, 이들 사이에는 $SST = SSA + SSB + SSAB + SSE$의 관계가 성립하게 된다. 그리고 SST의 자유도는 $nab-1$, SSA의 자유도는 $a-1$, SSB의 자유도는 $b-1$, $SSAB$의 자유도는 $(a-1)(b-1)$, SSE의 자유도는 $ab(n-1)$이다.

일원분산분석의 경우와 마찬가지로 제곱합, 자유도, 그리고 제곱합을 각각의 자유도로 나눈 평균제곱합 등을 요인별로 분류하여 정리하면 〈표 2.16〉과 같은 이원분산분석표를 얻게 된다.

〈표 2.16〉 이원분산분석표

요인	제곱합	자유도	평균제곱	F_0
인자 A	SSA	$a-1$	MSA	MSA/MSE
인자 B	SSB	$b-1$	MSB	MSB/MSE
교호작용	$SSAB$	$(a-1)(b-1)$	$MSAB$	$MSAB/MSE$
오차	SSE	$ab(n-1)$	MSE	
전체	SST	$nab-1$		

각 처리에서의 측정값이 n개인 이원분산분석은 다음과 같은 절차를 통하여 이루어진다.

(단계 1) 교호작용효과의 존재 여부에 대한 검정을 한다.

(단계 2) 교호작용효과가 존재하지 않을 경우 주효과에 대한 분석을 한다.

(단계 3) 교호작용효과가 존재할 경우 교호작용의 중요성 여부를 조사한다.

(단계 4) 교호작용이 중요하지 않을 경우 주효과에 대한 분석을 한다.

(단계 5) 교호작용이 중요할 경우 종속변수를 변환시켜 교호작용효과를 제거한 후, 주효과에 대한 분석을 한다.[20]

(3) 효과에 대한 검정

가. 교호작용효과

교호작용효과의 존재 여부를 검정하기 위한 귀무 및 대립가설은

$$H_0 : (\alpha\beta)_{ij} = 0, \quad i = 1, \cdots, a; \ j = 1, \cdots, b$$

H_1 : 모든 $(\alpha\beta)_{ij}$는 0이 아니다. $i = 1, \cdots, a; \ j = 1, \cdots, b$

이며, 검정통계량으로

$$F_0 = \frac{MSAB}{MSE}$$

가 사용된다. 이때 검정 통계량 F_0는 귀무가설 H_0가 사실일 때 자유도 $(a-1)(b-1)$과 $ab(n-1)$인 F분포를 따른다. 따라서 표본으로부터 계산된 검정통계량 F_0의 값 f_0가 유

20) 교호작용이 존재할 경우에는 인자들의 주효과 이외에 교호작용효과가 포함되어 있기 때문에 일반적으로 모형의 해석이 명백하지 않게 된다. 이러한 경우에는 측정값 Y_{ijk}를 $\sqrt{Y_{ijk}}$, Y_{ijk}^2, 또는 $\log Y_{ijk}$ 등으로 적절이 변환시켜 교호작용을 제거한 후 분석하는 것이 바람직하다.

의수준 α에서 $f_0 > F_\alpha[(a-1)(b-1),\ ab(n-1)]$ 또는 $P-$값$=P(F_0 \geq f_0) < \alpha$이면 귀무가설 H_0를 기각하게 되고, 그렇지 않으면 H_0를 채택하게 된다.[21)]

나. 인자 A의 효과

인자 A가 존재하는지를 검정하기 위한 귀무가설 및 대립가설은

$$H_0 : \alpha_1 = \cdots = \alpha_a = 0$$

$$H_1 : \text{모든 } \alpha_i \text{는 0이 아니다} \quad i=1, \cdots, a$$

이며, 검정통계량으로

$$F_0 = \frac{MSA}{MSE}$$

가 사용된다. 이때 검정 통계량 F_0는 귀무가설 H_0가 사실일 때 자유도 $a-1$와 $ab(n-1)$인 F분포를 따른다. 따라서 표본으로부터 계산된 검정통계량 F_0의 값 f_0가 유의수준 α에서 $f_0 > F_\alpha[a-1,\ ab(n-1)]$ 또는 $P-$값$=P(F_0 \geq f_0) < \alpha$이면 귀무가설 H_0를 기각하게 되고, 그렇지 않으면 H_0를 채택하게 된다.

다. 인자 B의 효과

인자 B가 존재하는지를 검정하기 위한 귀무가설 및 대립가설은

$$H_0 : \beta_1 = \cdots = \beta_b = 0$$

$$H_1 : \text{모든 } \beta_j \text{는 0이 아니다.} \quad j=1, \cdots, b$$

21) 교호작용 효과가 존재하지 않을 경우에는 교호작용 효과를 모형에서 제거하고 주효과만을 포함한 분산분석모형으로 분석을 다시 하는 것이 바람직하다. 왜냐하면, 제거된 교호작용효과는 오차로 흡수되어 분석의 검정력을 증가시킬 수 있기 때문이다.

이며, 검정통계량으로

$$F_0 = \frac{MSB}{MSE}$$

가 사용된다. 이때 검정통계량 F_0는 귀무가설 H_0가 성립할 때 자유도 $b-1$과 $ab(n-1)$인 F분포를 따른다. 따라서 표본으로부터 계산된 검정통계량 F_0의 값 f_0가 유의수준 α에서 $f_0 > F_\alpha[b-1,\ ab(n-1)]$ 또는 $P-$값$=P(F_0 \ge f_0) < \alpha$이면 귀무가설 H_0를 기각하게 되고, 그렇지 않으면 H_0를 채택하게 된다.

[인자효과에 대한 검정]

(1) 교호작용효과

- 가설 : $H_0 : (\alpha\beta)_{ij} = 0$, H_1 : 모든 $(\alpha\beta)_{ij}$는 0이 아니다.
- 검정통계량: $F_0 = \dfrac{MSAB}{MSE}$
- 판정방법 : 표본으로부터 계산된 검정통계량 F_0의 값 f_0가 유의수준 α에서

  $f_0 > F_\alpha[(a-1)(b-1),\ ab(n-1)]$ 또는

  $P-$값$=P(F_0 \ge f_0) < \alpha$이면, 귀무가설 H_0를 기각

(2) 인자 A의 효과

- 가설 : $H_0 : \alpha_1 = \cdots = \alpha_a = 0$, H_1 : 모든 α_i는 0이 아니다
- 검정통계량: $F_0 = \dfrac{MSA}{MSE}$

- 판정방법 : 표본으로부터 계산된 검정통계량 F_0의 값 f_0가 유의수준 α에서

  $f_0 > F_\alpha[a-1,\ ab(n-1)]$ 또는

  $P-$값$= P(F_0 \geq f_0) < \alpha$이면, 귀무가설 H_0를 기각

(3) 인자 B의 효과

- 가설 : $H_0 : \beta_1 = \cdots = \beta_b = 0$, $\quad H_1$: 모든 β_j는 0이 아니다
- 검정통계량: $F_0 = \dfrac{MSB}{MSE}$
- 판정방법 : 표본으로부터 계산된 검정통계량 F_0의 값 f_0가 유의수준 α에서

  $f_0 > F_\alpha[b-1,\ ab(n-1)]$ 또는

  $P-$값$= P(F_0 \geq f_0) < \alpha$이면, 귀무가설 H_0를 기각

예제 2.9 어떤 제빵회사에서는 새로운 조리법에 의하여 만든 빵을 각 대리점에 공급하고 있다. 이 빵이 진열대에 놓이는 위치(아래, 중간, 위)와 차지하는 공간 넓이(보통, 넓음)에 따라 판매량에 차이가 있는지를 조사하기 위하여 환경(대리점의 크기, 인구의 밀집도 등)이 비슷한 12개의 대리점을 랜덤으로 추출하여 각 처리에 2개씩 할당한 후 판매량을 조사한 결과, 〈표 2.17〉과 같은 자료를 얻었다. 진열대에 놓이는 위치(인자 A)와 공간 넓이(인자 B)에 따라 빵의 판매량에 차이가 있는지를 유의수준 $\alpha = 0.05$로 검정하여라.

〈표 2.17〉 진열대 위치와 공간 넓이에 따른 판매량

인자 A \ 인자 B		진열대 공간 넓이	
		보통	넓음
진열대 위치	아래칸	47, 43	45, 51
	중간칸	62, 68	67, 71
	위칸	41, 39	42, 46

풀이 주어진 자료로부터 작성된 분산분석표는 다음과 같다.

〈표 2.18〉 분산분석표

요인	제곱합	자유도	평균제곱	F_0	$P-$값
인자 A	1420.66	2	710.33	68.74	0.0001
인자 B	40.33	1	40.33	3.903	0.0956
교호작용	0.67	2	0.33	0.032	0.9684
오차	62	5	10.33		
전체	1523.66	11			

(1) 교호작용효과에 대한 검정

귀무 및 대립가설은

$$H_0 : \text{모든 } (\alpha\beta)_{ij} = 0\text{이다}, \ i=1,\ 2,\ 3;\ j=1,\ 2$$

$$H_1 : H_0\text{가 아니다}$$

이며, 이를 검정하기 위한 검정통계량의 값을 계산하면

$$f_0 = \frac{0.33}{10.33} = 0.03$$

이 된다. 그리고 이때의 P값은 $P(F_0 \geq 0.032) = 0.9684$로 유의수준 $\alpha = 0.05$보다 그므로 귀무가설 H_0는 채택된다. 즉, "진열대에 놓이는 위치와 공간넓이의 교호작용에 대한 효과는 존재하지 않는다"고 할 수 있다.

(2) 인자 A(위치)의 효과에 대한 검정

귀무 및 대립가설은

$$H_0 : \alpha_1 = \alpha_2 = \alpha_3 = 0$$

$$H_1 : \text{모든 } \alpha_i\text{는 0이 아니다.} \quad i = 1,\ 2,\ 3$$

이며, 이를 검정하기 위한 검정통계량의 값을 계산하면

$$f_0 = \frac{710.33}{10.33} = 68.74$$

가 된다. 그리고 이때의 P-값은 $P(F_0 \geq 68.74) = 0.0001$으로 유의수준 $\alpha = 0.05$보다 크므로 귀무가설 H_0는 기각된다. 즉, "빵의 판매량은 진열대에 놓이는 위치에 따라 차이가 있다"고 할 수 있다.

(3) 인자 B(공간 넓이)의 효과에 대한 검정

귀무 및 대립가설은

$$H_0 : \beta_1 = \beta_2 = 0$$

$$H_1 : \text{모든 } \beta_j\text{는 0이 아니다.} \quad j = 1,\ 2$$

이며, 이를 검정하기 위한 검정통계량의 값을 계산하면

$$f_0 = \frac{40.33}{10.33} = 3.90$$

이 된다. 그리고 이때의 P–값은 $P(F_0 \geq 3.903) = 0.0956$으로 유의수준 $\alpha = 0.05$보다 크므로 귀무가설 H_0는 채택된다. 즉, “빵의 판매량은 진열대 공간 넓이에 따라 차이가 없다”고 할 수 있다.

(R코드 : 자료의 입력과 그림 출력)

```
> sales = c(47,43,45,51,62,68,67,71,41,39,42,46)
> posi = c("under","under","under","under","middle","middle","middle","middle",
"upper","upper","upper","upper")
> size = c("normal","normal","wide","wide","normal","normal","wide","wide",
"normal","normal","wide","wide")
> breadcom = data.frame(sales, posi, size)
> with(breadcom, interaction.plot(posi, size, sales, legend=T))
> with(breadcom, interaction.plot(size, posi, sales, legend=T))
```

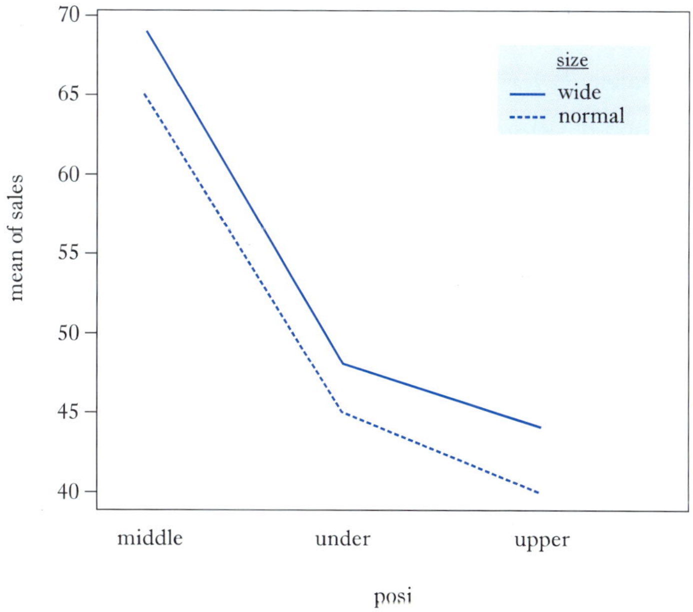

〈그림 2.6〉 진열대 위치와 넓이에 따른 빵 판매량 차이 1

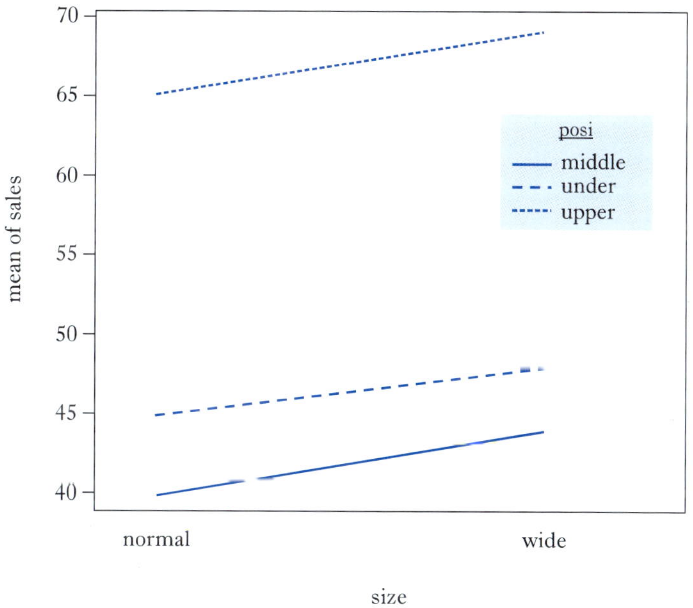

〈그림 2.7〉 진열대 위치와 넓이에 따른 빵 판매량 차이 2

(R코드 설명)

- 종속변수는 sales, 독립변수는 posi와 size라는 이름으로 자료를 입력한 후 breadcom이라는 데이터프레임 형식의 자료로 저장한다.
- 인자가 2개인 이원분산분석에서 각각의 처리평균에 대한 그림은 with 함수를 이용하여 출력할 수 있다. with 함수에서 분석할 자료명을 지정하고 interaction.plot 함수를 사용하여 독립변수와 종속변수를 각각 지정해준다. 범례 표시를 하기 위해서는 'legend=T'를 추가하면 된다.

(R코드 : 교호작용항을 포함한 이원분산분석)

```
> res = lm(sales ~ posi + size + posi*size, breadcom)
> anova(res)
Response: sales
           Df  Sum Sq Mean Sq F value    Pr(>F)
posi        2 1420.67  710.33 68.7419 7.312e-05 ***
size        1   40.33   40.33  3.9032    0.0956 .
posi:size   2    0.67    0.33  0.0323    0.9684
Residuals   6   62.00   10.33
```

(R코드 설명)

- lm 함수를 사용하여 분석모형과 분석할 자료명을 지정해준다. 이때 모형속에는 교호작용항을 나타내는 posi*size를 포함하여야 한다.
- anova 함수를 사용하여 분산분석표를 출력한다.

(결과 해석)

- 분산분석표의 교호작용효과에 대한 결과(posi:size 부분)를 보면, 검정통계량 F_0의 값은 0.0323이고, 이때의 P-값 0.9684은 유의수준 $\alpha=0.05$보다 크므로 교호작용효과는 존재하지 않는다고 할 수 있다.
- 인자의 주효과에 대한 결과에서 위치(posi) 효과는 유의한(P-값<0.05) 반면에 공간 넓이(size) 효과는 유의하지 않은 것(P-값>0.05)으로 나타났다.

(4) 다중비교

이원분산분석에서 인자 효과가 존재할 경우 인자 A의 두 수준평균 차이 $\mu_{l\cdot}-\mu_{m\cdot}$ 또는 인자 B의 두 수준평균 차이 $\mu_{\cdot k}-\mu_{\cdot l}$이 존재하는지를 검정하기 위하여 다중비교를 하게 된다. 다중비교를 하는 절차는 인자가 2개라는 것만 제외하고 일원분산분석의 경우와 동일하다.

[다중비교-튜키 검정]

- 인자 A의 수준 차이 $D=\mu_{l\cdot}-\mu_{m\cdot}$에 대한 검정

$$|\hat{D}|>HSD_{lm}\text{이면, 귀무가설 } H_0:\mu_{l\cdot}=\mu_{m\cdot} \text{ 기각}$$

여기서 $\hat{D}=\overline{Y}_{l\cdot}-\overline{Y}_{m\cdot}$, $S(\hat{D})/\sqrt{MSE/bn}$,

$$HSD_{lm}=q_\alpha[a,\ ab(n-1)]\cdot S(\hat{D})$$

- 인자 B의 수준 차 $D=\mu_{\cdot k}-\mu_{\cdot l}$에 대한 검정

$$|\hat{D}|>HSD_{kl}\text{이면, 귀무가설 } H_0:\mu_{\cdot k}=\mu_{\cdot l} \text{ 기각}$$

여기서 $\hat{D}=\overline{Y}_{\cdot k}-\overline{Y}_{\cdot l}$, $S(\hat{D})/\sqrt{MSE/an}$,

$$HSD_{kl}=q_\alpha[b,\ ab(n-1)]\cdot S(\hat{D})$$

예제 2.10 예제 2.9)에서 인자 A(위치)의 효과에 대한 검정을 실시한 결과 유의수준 $\alpha=0.05$ 에서 유의하였다. 어느 수준들의 차이에 의해서 이러한 결과가 나왔는지 튜키 검정법을 이용하여 분석하여라.

풀이 인자 A의 수준에 대한 다중비교를 하기 위하여 필요한 통계량을 계산한 결과는 다음과 같다.

$$\widehat{D}_1=\overline{Y}_1.-\overline{Y}_2.=46.5-67=-20.5$$

$$\widehat{D}_2=\overline{Y}_1.-\overline{Y}_3.=46.5-42=4.5$$

$$\widehat{D}_3=\overline{Y}_2.-\overline{Y}_3.=67-42=25$$

$$MSE=10.33,\quad a=3,\quad b=2,\quad n=2,\quad ab(n-1)=6$$

$$S^2(\widehat{D})=\frac{MSE}{bn}=\frac{10.33}{2\times 2}=2.5825$$

그리고 튜키의 HSD_{ij} 는

$$HSD_{ij}=q_\alpha[a,\,ab(n-1)]\times S(\widehat{D})=q_{0.05}(3,\,6)\times(\sqrt{2.5825})$$

$$=(3.07)\times(1.607)=4.93349$$

이며, 이때 모든 수준에서의 반복수가 같으므로 각 수준평균간의 차이를 검정하는데 사용되는 HSD_{ij} 값은 동일하다. 그러므로

$|\widehat{D}_1|=20.5>HSD_{12}=4.93349$ 이므로 $H_0:\mu_1.=\mu_2.$ 를 기각

$|\widehat{D}_2|=4.5<HSD_{13}=4.93349$ 이므로 $H_0:\mu_1.=\mu_3.$ 를 채택

$|\widehat{D}_3|=25>HSD_{23}=4.93349$ 이므로 $H_0:\mu_2.=\mu_3.$ 를 기각

한다. 따라서 "진열내의 위와 중산, 중간과 아래 사이에는 판매량에 있어서 차이가 존재한다"고 할 수 있다. 즉, "진열대의 중간에 놓는 것이 다른 위치에 놓는 것보다 판매량이 많다"고 할 수 있다.

(R코드 : 튜키 검정법을 이용한 다중비교)

```
> TukeyHSD(aov(sales~posi, breadcom))
  Tukey multiple comparisons of means
    95% family-wise confidence level
Fit: aov(formula = sales ~ posi, data = breadcom)
$posi
               diff       lwr        upr     p adj
under-middle -20.5 -27.17880 -13.821197  0.0000339
upper-middle -25.0 -31.67880 -18.321197  0.0000066
upper-under   -4.5 -11.17880   2.178803  0.1994010
```

(R코드 설명)

○ 이원분산분석결과 위치에 대한 효과만 존재하기 때문에 TukeyHSD 함수를 이용하여 인자 posi에 대한 다중비교를 하였다.

(결과 해석)

○ 각 짝에 대한 유의성 여부는 P-값 또는 신뢰구간에서 0을 포함하고 있는지의 여부를 이용하면 된다. 여기서는 upper와 under이 차이에 대한 신뢰구간 즉, (−11.17880, 2.178803)에서만 0을 포함하고 있기 때문에 이들간의 차이는 존재하지 않는다고 할 수 있으며, 반면에 under와 middle, upper와 middle 간에는 차이가 존재하는 것으로 나타나고 있다.

연습문제

① 서로 다른 4종류의 공정(L1, L2, L3, L4)에서 생산된 철판의 인장강도를 측정하여 다음과 같은 자료를 얻었다.

공정 종류	측 정 값				
L1	49	55	49	58	54
L2	46	37	50	45	40
L3	49	55	42	50	48
L4	57	56	58	50	52

공정(process)에 따라 인장강도(hardness)의 차이가 존재하는지, 만약 존재한다면 어느 수준간의 차이에 의한 것인지를 유의수준 $\alpha = 0.05$에서 검정하여라.

② 어느 대학교 전산소에서는 지난 학기 중간시험과 기말시험 기간 중에 컴퓨터 단말기를 교내 4장소(K, L, M, N)에 설치하여 학생들의 컴퓨터 사용시간(time)을 측정한 결과 다음과 같은 자료를 얻었다. 설치장소(area)와 시험(test)에 따라 컴퓨터 사용시간에 있어서 차이가 있는지를 유의수준 $\alpha = 0.05$에서 검정하여라.

인자 A \ 인자 B	중간	기말
K	16.5	21.4
L	11.8	17.3
M	12.3	16.9
N	16.6	21.0

③ 어떤 도시에 있는 세 자동차학원(K, L, M)에서 수강생이 면허를 취득하는데 소요되는 일수를 조사한 결과, 다음과 같은 자료를 얻었다. 수강생이 면허를 취득하는데 소요되는 일수(day)는 학원(school)과 성별(sex)에 따라 차이가 있는지를 유의수준 $\alpha = 0.05$에서 검정하여라.

학원 \ 성별	남	여
K	21, 23, 19, 22, 22, 23	21, 22, 20, 21, 19, 25
L	30, 29, 26, 28, 27, 27	26, 29, 27, 28, 27, 29
M	25, 22, 23, 21, 22, 21	23, 19, 20, 21, 20, 20

④ 다음 자료는 대덕 연구단지에서 근무하고 있는 연구원들의 학위와 전공분야에 따른 월급여액을 조사한 결과이다(단위, 백만원). 전공분야와 학위에 따라 월급여액의 차이가 있는지, 그리고 인문계(인문학과 사회학)와 자연계(이학과 공학)에 따라서도 월급여액의 차이가 있는지를 유의수준 $\alpha = 0.05$에서 검정하여라.

전공 분야 \ 학위	학사	석사	박사
인문학	1.7, 1.9 1.5, 1.5	1.8, 2.1 1.6, 1.8	2.5, 2.7 2.9, 2.5
사회학	2.5, 2.3 2.6, 2.4	2.7, 2.4 2.4, 2.5	3.5, 3.3 3.6, 3.4
이학	2.7, 2.8 2.5, 2.5	2.9, 3.0 2.8, 2.7	3.7, 3.6 3.8, 3.9
공학	2.5, 2.6 2.5, 2.6	2.3, 2.8 2.5, 2.8	3.3, 3.4 3.5, 3.6

3장
실험계획법

3.1 서론
3.2 완전확률화계획법
3.3 확률화블록계획법
3.4 라틴방격법

3.1 서론

2장에서 실험 또는 조사에 의하여 얻은 자료값을 이용하여 관심있는 인자의 수준간에 차이가 존재하는지를 판단하는 분산분석법에 대하여 공부하였다. 그러나 분석방법 못지 않게 중요한 것은 자료값을 얻기 위한 실험의 방법이다. 왜냐하면, 관심있는 인자의 효과를 정확하게 파악하기 위해서는 자료값이 다른 요인들의 영향이 가능한 배제된 상태하에서 측정되어야 하기 때문이다. 일반적으로 실험은 여러 가지 요인에 의하여 영향을 받게 된다. 따라서 관심 있는 인자의 영향을 정확하게 파악하기 위해서는 실험에서 관심있는 인자 이외의 다른 요인들의 영향이 될 수 있는 대로 적게 되도록 실험을 설계하여야 하며, 이러한 실험설계와 관련된 방법을 실험계획법(design of experiment)이라 한다.

실험을 설계할 때에는 관심있는 요인외의 다른 요인들은 가능한 통제되어 실험이 동일한 조건하에서 수행될 수 있도록 설계되어야 한다. 그러나 실험에서 모든 조건을 통제한다는 것은 현실적으로 불가능하다. 따라서 실험계획법에서의 일차적인 목표는 오차를 줄이면서 인자효과에 대한 정확한 결론 도출이 가능하도록 실험을 설계하는데 있다.

실험계획법의 기본원리는 실험의 랜덤화, 반복, 블록화로 요약할 수 있다. 랜덤화(randomization)는 실험의 객관성을 보장하기 위한 방법으로 실험 대상(실험 단위라고 함)을 각 수준에 배치하거나 실험 순서의 결정이 동일한 조건하에서 이루어지도록 하는 것을 말한다. 실험을 랜덤화하지 않을 경우에는 실험자의 숙련도나 실험실의 온도, 습도 등과 같이 실험에서 고려되지 않은 요인들이 실험결과에 영향을 미칠 수 있다. 반면에 랜덤화는 관심있는 인자 이외의 요인들의 영향을 어느 정도 상쇄시킬 수 있도록 만들어 주기 때문에 객관성을 유지할 수 있도록 해준다. 또한 랜덤화는 실험환경을 동일하게 만들어 주기 때문에 자료를 분석함에 있어 확률이론을 적용 가능하도록 만들어 준다

반복(replication)은 실험을 동일한 조건하에서 여러 번 수행하는 것을 말한다. 동일한

조건하에서 이루어진 실험이라 하더라도 실험결과는 반드시 동일하지는 않다. 왜냐하면 실험에서는 통제 불가능한 오차가 항상 수반되기 때문이다. 반복실험은 이러한 실험오차를 추정할 수 있도록 해주며, 이렇게 추정된 실험오차의 추정값은 측정된 인자효과의 차이가 통계적으로 의미있는 차이인지 아닌지를 판단하는 근거로 사용된다. 또한 반복실험은 보다 정확한 인자효과의 추정량(평균을 말함)을 얻을 수 있는 근거를 제공해 준다.[22]

블록화(bolcking)는 실험의 정밀도를 증가시키기 위하여 실험 전체를 가능한 동질적인 부분(블록이라 함)으로 나눈 후 각 블록내에서 인자효과를 조사하는 것을 말한다. 예를 들어, 여러 품종의 벼 수확량을 비교하고자 할 경우 먼저 땅을 비옥한 땅, 보통인 땅, 척박한 땅으로 블록화한 후 각 블록마다 모든 품종의 벼를 심어 수확량을 조사하게 된다. 이렇게 할 경우 땅의 비옥도에 따른 수확량의 차이를 제거할 수 있기 때문에 순수한 벼품종 효과를 측정할 수 있게 되는 것이다. 하지만 이러한 블록화는 모든 실험계획마다 반드시 해야 하는 것은 아니며, 관심있는 인자들의 효과가 서로 뒤섞여 분간할 수 없다고 판단될 경우에 사용하면 된다.

실험계획법은 인자의 수에 따라 일원배치법, 이원배치법 등으로 구분하고,[23] 실험대상의 배치방법이나 분석목적에 따라 완전확률화계획법, 확률화블록계획법, 라틴방격법 등으로 구분한다.

---

22) 반복 횟수는 실험오차, 실험 비용, 통계적 정밀도 등 여러 상황을 고려하여 결정하여야 한다. 예를 들어 작은 인자효과의 차이도 검출해야 한다면 상대적으로 반복수가 커야 하며, 동일한 조건하에서 비슷한 실험결과가 계속 나온다면 비교적 작은 반복수도 무난할 것이다.

23) 실험계획법에서의 일원배치법을 분산분석의 관점에서 볼 때 일원분산분석, 이원배치법을 이원분산분석으로 보면 된다.

3.2 완전확률화계획법

실험을 설계할 때 실험 대상들을 각 수준에 랜덤하게 할당하여 실험을 하면 관심있는 인자가 아닌 요인들에 의한 영향을 배제할 수 있어 인자 수준간의 차이를 보다 정확하게 파악할 수 있다. 이러한 설계방법을 완전확률화계획법(completely randomized design)이라 한다.

완전확률화계획법은 실험을 위한 가장 간단한 통계적인 설계방법이다. 실험에서 완전확률화는 모든 실험 대상을 각 수준에 랜덤하게 할당한다는 것을 의미한다. 하지만 완전확률화계획법은 실험 대상들이 동질적(homogeneous)일 경우에 유용한 실험계획법이다. 만약 실험 대상들이 이질적(heterogeneous)이리고 판단될 경우에는 완전확률화계획법이 적절한 실험방법이라고 할 수 없으며, 이러한 경우에는 실험에서 발생하는 오차의 변동을 줄이기 위하여 일반적으로 블록화하여 실험을 하는 것이 바람직하다.

실험 대상을 각 수준에 랜덤하게 할당하기 위해서 난수표(random number table)를 많이 이용한다. 난수표란 0에서 9까지의 숫자를 특별한 규칙이나 편중됨이 없이 나열해 놓은 표로써 부록의 〈표 1〉에 그 예가 주어져 있다.

예제 3.1 어떤 제품을 생산하고 있는 공장에서 가동되고 있는 3대의 기계 A, B, C의 생산성을 비교하기 위하여 8명의 직공을 각 기계에 랜덤하게 2명씩 할당하여 한 개의 제품을 생산하는데 소요되는 시간을 측정하는 실험을 한다고 하자. 이때 부록의 〈표 1〉에 주어진 난수표를 이용하여 8명의 직공을 기계 A, B, C에 각각 2명씩 랜덤하게 할당하여라.

풀이 난수표를 이용한 랜덤화 절차

(단계 1) 6명의 직공에게 0번부터 5번까지 번호를 부여한 후, 기계를 다음과 같이 나열한다.

A A B B C C

(단계 2) 부록의 〈표 1〉에서 임의로 한 열을 선택하여 아래로 읽어 내려간다. 여기서 1행 3열을 선택하였다고 할 경우 난수는 다음과 같게 된다.

7 4 1 5 1 3 0 4 2

(단계 3) 할당된 번호보다 큰 숫자는 버린다. 여기서는 표본에게 5번까지 번호가 부여되었으므로 6이상을 버린다.

(단계 4) 남은 숫자를 각 수준에 할당한다. 이때 앞에서 선택된 숫자(1과 4)는 무시된다.

직공 :	4	1	5	3	0	2
기계 :	A	A	B	B	C	C

3.2.1 수학적 모형

완전확률화계획법에 의하여 설계된 실험으로부터 측정된 자료를 분석하기 위해서는 2장에서 설명된 분산분석모형이 적절하다. 따라서 인자가 하나이면서 완전확률화계획법에 의하여 실험을 설계하였을 경우의 모형은 일원분산분석모형과 같으며,

$$Y_{ij} = \mu + \alpha_i + \epsilon_{ij},\ \text{여기서}\ \alpha_i\text{는 인자 수준효과}$$

인자가 두 개일 경우의 실험모형은 이원분산분석모형과 같다.

$$Y_{ijk} = \mu + \alpha_i + \beta_j + (\alpha\beta)_{ij} + \epsilon_{ijk},\ i=1, \cdots, a;\ j=1, \cdots, b;\ k=1, \cdots, n$$

여기서 α_i와 β_j는 주효과, $(\alpha\beta)_{ij}$는 교호작용효과임.

완전확률화계획법에 의하여 측정된 자료를 분석하는 방법은 일원 및 이원분산분석과 동일하기 때문에 2장을 참고하기 바란다.

3.3 확률화블록계획법

실험을 할 때 그 실험이 적용될 대상들이 모두 동질이라고 판단될 경우에는 완전확률화계획법을 이용할 수 있지만, 실험 대상들이 동질이라고 할 수 없을 경우에는 실험 대상들을 유사한 것끼리 묶어서 몇 개의 블록(block)으로 만든 후 각 블록내에서 수준들을 랜덤하게 배치하는 실험 설계가 바람직하다. 예를 들어, 가축과 관련된 실험에서 실험 대상인 가축들의 나이와 건강상태가 서로 다를 경우 이로 인한 실험 오차가 발생할 가능성이 있기 때문에 완전확률화계획법은 바람직하지 않다. 이러한 경우에는 실험 대상(가축)들을 나이와 건강상태가 비슷한 것끼리 묶어서 실험 대상의 이질성 때문에 발생할 수 있는 오차를 최대한 줄일 수 있는 실험설계를 해야 한다.

확률화블록계획법(randomized block design)이란 실험 대상들이 동일한 성질을 갖도록 유사한 것끼리 실험 대상을 블록화한 다음, 각 블록 내에서 수준을 랜덤하게 할당하는 일종의 제한된 확률화계획법을 말한다. 이때 각 블록은 모든 수준들을 포함하여야 한다.

확률화블록계획법은 실험 대상들을 동질적인 여러 개의 무음으로 블록화함으로서 처리효과의 차이를 변화시키지 않은 상태에서 실험 대상들의 차이에 의한 변동을 제거시킬 수 있는 실험설계법으로 R. A. Fisher에 의해 개발되었다.

〈그림 3.1〉은 새로 개발된 벼의 품종 A, B, C, D, E에 따른 수확량을 조사하기 위하여 토양의 상태가 일정하도록 4개의 구획(블록)을 만든 후, 확률화블록계획법에 의하여 실험배치를 한 것이다. 이러한 실험배치는 토양의 차에 의한 변동을 제거할 수 있으므로 벼품종간의 수확량 차이에 대해 보다 정확하게 조사할 수 있다.

블록 1	블록 2	블록 3	블록 4
B	D	A	C
D	B	D	E
A	E	B	D
C	A	E	B
E	C	C	A

〈그림 3.1〉 확률화블록계획법에 의한 실험배치

3.3.1 수학적 모형

비교하고자 하는 수준수가 r개 있고, r개의 수준을 포함하는 블록수가 b개인 확률화블록계획법에서의 분석은 인자가 두 개 즉, 블록과 수준인 이원분산분석에서 각 수준내에서의 측정값이 한 개인 경우와 동일하다. 따라서 수준수가 r개이고, 블록수가 b개인 확률화블록계획법의 수학적 모형은 다음과 같다.

$$Y_{ij} = \mu + \rho_i + \tau_j + \epsilon_{ij},\ \ i = 1,\ \cdots,\ b;\ \ j = 1,\ \cdots,\ r$$

여기서, ρ_i는 블록효과이며 $\sum \rho_i = 0$, τ_j는 수준효과이며 $\sum \tau_j = 0$,

ϵ_{ij}는 서로 독립이며 $N(0,\ \sigma^2)$임.

확률화블록계획법에 의한 분산분석은 수준당 측정수가 하나이며 교호작용이 없는 이원 분산분석과 동일하다. 따라서 총제곱합 SST는 블록제곱합 $SSBL$, 처리제곱합 $SSTR$, 그리고 오차제곱합 SSE로 나누어진다.

[제곱합 계산 공식]

- 블록제곱합 : $SSBL = r\sum_i (\overline{Y}_{i}. - \overline{Y}..)^2$
- 처리제곱합 : $SSTR = b\sum_j (\overline{Y}_{\cdot j} - \overline{Y}..)^2$
- 오차제곱합 : $SSE = \sum_i \sum_j (Y_{ij} - \overline{Y}_{i}. - \overline{Y}_{\cdot j} + \overline{Y}..)^2$

확률화블록계획법에 의한 분산분석표는 〈표 3.1〉과 같다.

〈표 3.1〉 확률화블록계획법에 대한 분산분석표

요인	제곱합	자유도	평균제곱	F_0
처리	$SSTR$	$r-1$	$MSTR$	$MSTR/MSE$
블록	$SSBL$	$b-1$	$MSBL$	$MSBL/MSE$
오차	SSE	$(r-1)(b-1)$	MSE	
전체	SST	$rb-1$		

확률화블록계획법에서는 실험 대상을 블록화하여 블록의 차이에서 발생하는 변동을 오차에서 분리시켰지만, 주 관심은 완전확률화계획법에서와 마찬가지로 인자 수준간에 차이 즉, 처리효과가 존재하는 지에 있다.

[인자효과 검정]

- 가설 : $H_0 : \tau_1 = \cdots = \tau_r = 0$

  H_1 : 모든 τ_j는 0이 아니다

- 검정통계량: $F_0 = \dfrac{MSTR}{MSE}$

- 판정방법 : 표본으로부터 계산된 검정통계량의 값 f_0가

  $f_0 \le F_\alpha[r-1,\ (r-1)(b-1)]$ 또는 $P(F \ge f_0) \ge \alpha$이면 H_0를 채택

  $f_0 > F_\alpha[r-1,\ (r-1)(b-1)]$ 또는 $P(F \ge f_0) < \alpha$이면 H_0를 기각

예제 3.2 〈그림 3.1〉과 같은 실험배치에 의하여 품종에 따른 수확량을 조사한 결과가 〈표 3.2〉와 같다고 할 때, 벼의 품종에 따라 수확량이 차이가 있는지를 유의수준 $\alpha = 0.05$에서 검정하여라.

〈표 3.2〉 확률화블록계획법에 의한 벼의 수확량

벼의 품종	블록 1	블록 2	블록 3	블록 4
A	461	443	447	470
B	503	429	454	520
C	286	260	264	298
D	406	290	381	437
E	500	492	500	513

풀이 주어진 자료를 이용하여 작성된 분산분석표는 〈표 3.3〉과 같다.

〈표 3.3〉 분산분석표

요인	제곱합	자유도	평균제곱	F_0	$P-$값
처리	132,725	4	33,181	55.17	1.259×10^{-7}
블록	11,833	3	3,944	6.56	0.0071
오차	7,217	12	601		
전체	151,774	19			

가설

$H_0 : \tau_A = \ \cdots \ = \tau_E = 0$ 또는 품종에 따라 수확량은 차이가 없다.

H_1 : 모든 τ_j는 0이 아니다 또는 품종에 따라 수확량은 차이가 있다.

을 검정하기 위한 검정통계량의 값은

$$f_0 = \frac{33,181}{601} = 55.17$$

이며, 이때의 $P-$값은 1.259×10^{-7}로 $\alpha = 0.05$보다 작으므로 귀무가설 H_0는 기각된다. 즉, "벼의 품종에 따라 수확량은 차이가 있다"고 할 수 있다.

(R코드 : 확률화블록계획법에 의한 분산분석)

```
> product=c(461,443,447,470,503,429,454,520,286,260,264,298,406, 290,381,
  437,500,492,500,513)
> rice=c(rep("A",4),rep("B",4),rep("C",4),rep("D",4),rep("E",4))
> block=c("1","2","3","4","1","2","3","4","1","2","3","4","1","2","3","4",
"1","2","3","4",)
> harvesting=data.frame(product, rice, block)
> res=lm(product~rice+block, harvesting)
> anova(res)
Response: product
          Df Sum Sq Mean Sq F value    Pr(>F)
rice       4 132725   33181 55.1725 1.259e-07 ***
block      3  11833    3944  6.5583  0.007121 **
Residuals 12   7217     601
Signif. codes:  0 '***' 0.001 '**' 0.01 '*' 0.05 '.' 0.
```

(R코드 설명)

- 수확량을 product, 벼의 품종을 rice, 블록을 block이라는 이름으로 자료를 입력한 후, data.frame 함수를 사용하여 harvesting이라는 데이터 프레임 형식의 자료로 저장한다.
- lm 함수를 사용하여 분석모형과 분석할 자료명을 지정해준다.
- anova 함수를 사용하여 분산분석표를 출력한다.

(결과 해석)

- 출력된 분산분석표에서 수준 rice의 효과를 보면 검정통계량의 값은 55.1725이고, 이때의 $P-$값은 1.259×10^{-7}로 $\alpha=0.05$보다 작으므로 귀무가설 H_0는 기각된다.

확률화블록계획법에서 블록화는 오차제곱합을 감소시켜 인자 수준간의 차이에 대한 검정을 더욱 정확하게 하기 위하여 사용되는 것이므로, 일반적으로 블록간의 차이에 대한 검정은 중요하지 않다. 하지만, 블록간의 차이에 대한 검정이 필요할 경우 블록효과에 대한 검정은 다음과 같은 요령으로 하면 된다.

[블록효과 검정]

- 가설 : $H_0 : \rho_1 = \cdots = \rho_b = 0$

  H_1 : 모든 ρ_i는 0이 아니다

- 검정통계량: $F_0 = \dfrac{MSBL}{MSE}$

- 판정방법 : 표본으로부터 계산된 검정통계량의 값 f_0가

  $f_0 \le F_\alpha[b-1,\ (r-1)(b-1)]$ 또는 $P(F \ge f_0) \ge \alpha$이면 H_0를 채택

  $f_0 > F_\alpha[b-1,\ (r-1)(b-1)]$ 또는 $P(F \ge f_0) < \alpha$이면 H_0를 기각

3.4 라틴방격법

확률화블록계획법은 실험 대상의 이질성 때문에 발생할 수 있는 오차를 줄이기 위하여 실험 대상을 동질적인 것끼리 블록화하여 실험을 설계하는 방법이다. 블록화의 원리를 이용하는 또다른 실험설계법으로 라틴방격법(latin square design)이 있다. 라틴방격법은 블록화를 두 방향으로 함으로서, 두 방향에서 발생할 수 있는 실험 오차를 제거시키는 방

법이다.[24] 예를 들어, 농사실험에서 토지의 비옥도가 두 방향으로 다르다든지 온상실험에서 환경이 두 방향으로 변하고 있는 경우에 효과적인 방법이라 할 수 있다. 일반적으로 $r \times r$ 라틴방격법은 r 행과 r 열을 포함하는 정사각형으로 구성되며, 각 행과 열에는 수준이 한 번씩 나타나게 된다.

※ 라틴방격법에서 수준을 배치하는 절차(4×4 라틴방격의 경우)

(단계 1) 첫 행에 A, B, C, D 순으로 수준을 배치한다.

(단계 2) 둘째 행에는 첫 행의 맨 끝에 있는 수준 D를 제일 앞으로 놓고 나머지를 순서 변동없이 한자리씩 우측으로 옮겨 배치한다.

(단계 3) 셋째 행에는 둘째 행의 맨 끝에 있는 수준 C를 제일 앞으로 놓고 나머지를 순서 변동없이 한자리씩 우측으로 옮겨 배치한다.

(단계 4) 넷째 행에는 셋째 행의 맨 끝에 있는 B를 제일 앞에 놓고 나머지를 순서 변동없이 한자리씩 우측으로 옮겨 배치한다.

A	B	C	D
D	A	B	C
C	D	A	B
B	C	D	A

(단계 5) 열과 열, 행과 행을 임의의 순으로 바꾼다.

[24] 라틴방격법은 각 수준을 행과 열의 두 방향으로 확률화하는 실험계획법이라고 할 수 있다.

3.4.1 수학적 모형

라틴방격법에 대한 수학적 모형은 다음과 같다.

$$Y_{ij(k)} = \mu + \rho_i + \kappa_j + \tau_k + \epsilon_{ij(k)}, \quad i,\ j,\ k = 1,\ 2,\ \cdots,\ r$$

여기서 ρ_i는 행의 효과이며 $\sum \rho_i = 0$,

κ_j는 열의 효과이며 $\sum \kappa_j = 0$,

τ_k는 수준효과이며 $\sum \tau_k = 0$.

라틴방격법의 모형도 확률화블록계획법과 마찬가지로 행, 열, 그리고 수준사이에는 교호작용이 존재하지 않는 것으로 간주한다. 그리고 라틴방격법에서는 실험배치구내에 측정값이 하나뿐이므로 k 번째 수준내의 측정값은 $Y_{ij(k)}$ 로 표시된다.

분산분석을 위한 제곱합의 계산 공식 및 분산분석표는 다음과 같다.

[제곱합 계산 공식]

- 총제곱합 : $SSTO = \sum_i \sum_j (Y_{ij(k)} - \overline{Y}...)^2 = \sum_i \sum_j Y_{ij(k)}^2 - \frac{Y^2...}{r^2}$
- 행제곱합 : $SSROW = r\sum_i (\overline{Y}_i.. - \overline{Y}...)^2 = \frac{\sum Y_i^2..}{r} - \frac{Y^2...}{r^2}$
- 열제곱합 : $SSCOL = r\sum_j (\overline{Y}._j. - \overline{Y}...)^2 = \frac{\sum Y^2._j.}{r} - \frac{Y^2...}{r^2}$
- 처리제곱합 : $SSTR = r\sum_k (\overline{Y}.._k - \overline{Y}...)^2 = \frac{\sum Y^2.._k}{r} - \frac{Y^2...}{r^2}$
- 오차제곱합 : $SSE = SSTO - SSROW - SSCOL - SSTR$

〈표 3.4〉 라틴방격법에 대한 분산분석표

요인	제곱합	자유도	평균제곱	F_0
행	$SSROW$	$r-1$	$MSROW$	$MSROW/MSE$
열	$SSCOL$	$r-1$	$MSCOL$	$MSCOL/MSE$
처리	$SSTR$	$r-1$	$MSTR$	$MSTR/MSE$
오차	SSE	$(r-1)(r-2)$	MSE	
전체	SST	r^2-1		

라틴방격법은 오차를 줄이기 위하여 행과 열 두 방향으로 블록화하였기 때문에 확률화 블록계획법에서와 마찬가지로 행과 열의 블록효과에 대한 검정은 일반적으로 중요하지 않다. 따라서 주 관심은 수준효과에 대한 검정에 있다.

[인자효과 검정]

- 가설 : $H_0 : \tau_1 = \cdots = \tau_r = 0$

  H_1 : 모든 τ_k는 0이 아니다
- 검정통계량 : $F_0 = \dfrac{MSTR}{MSE}$
- 판정방법 : 표본으로부터 계산된 검정통계량의 값 f_0가

  $f_0 \le F_\alpha[r-1,\ (r-1)(r-2)]$ 또는 $P(F \ge f_0) \ge \alpha$이면 H_0를 채택

  $f_0 > F_\alpha[r-1,\ (r-1)(r-2)]$ 또는 $P(F \ge f_0) < \alpha$이면 H_0를 기각

예제 3.3 4개의 정유회사(A, B, C, D)에서 생산되는 휘발유의 질을 비교하기 위하여 4명의 운전자와 4종류의 승용차 모델을 대상으로 라틴방격법을 사용하여 실험한 결과, 〈표 3.5〉와 같은 자료를 얻었다. 휘발유의 질은 정유회사에 따라 차이가 있는지를 유의수준 $\alpha = 0.05$에서 검정하여라.

〈표 3.5〉 라틴방격법에 의한 휘발유 연비 측정 결과

		승용차 모델				계
		1	2	3	4	
운전자	1	15.5(D)	33.9(B)	13.2(C)	29.1(A)	91.7
	2	16.3(B)	26.6(C)	19.4(A)	22.8(D)	85.1
	3	10.6(C)	31.1(A)	17.1(D)	30.3(B)	89.1
	4	14.7(A)	34.0(D)	19.7(B)	21.6(C)	90.0
계		57.1	125.6	69.4	103.8	355.9

풀이 〈표 3.5〉의 자료로부터 작성된 분산분석표는 〈표 3.6〉과 같다

〈표 3.6〉 분산분석표

요인	제곱합	자유도	평균제곱	F_0	$P-$값
행(운전자)	5.88	3	1.96	0.50	0.697
열(승용차)	740.09	3	246.70	62.78	6.36×10^{-5}
처리(휘발유)	110.67	3	36.89	9.39	0.011
오차	23.58	6	3.93		
전체	880.22	15			

가설

$H_0 : \tau_A = \cdots = \tau_D = 0$ 또는 정유회사에 따라 휘발유질의 차이는 없다.

H_1 : 모든 τ_j는 0이 아니다 또는 정유회사에 따라 휘발유질의 차이는 있다.

을 검정하기 위한 검정통계량의 값은 9.39이며, 이때의 $P-$값은 0.011로 $\alpha = 0.05$보다 작으므로 귀무가설 H_0는 기각된다. 즉, “정유회사에 따라 휘발유의 질은 차이가 있다”고 할 수 있다.

(R코드 : 라틴방격법에 의한 분산분석)

```
> efficiency = c(15.5,33.9,13.2,29.1,16.3,26.6,19.4,22.8,10.6,31.1,17.1,30.3,14.7,
  34.0,19.7,21.6)
> drivers = c(rep("1",4), rep("2",4), rep("3",4), rep("4",4))
> carmodels = c("1","2","3","4","1","2","3","4","1","2","3","4","1","2","3","4")
> kinds = c("D","B","C","A","B","C","A","D","C","A","D","B","A","D","B","C")
> oilcompany = data.frame(efficiency,drivers,kinds,carmodels)
> res = lm(efficiency~ drivers + carmodels + kinds, oilcompany)
> anova(res)
Response: efficiency
          Df Sum Sq Mean Sq F value    Pr(>F)
drivers    3   5.88   1.959  0.4985   0.69680
carmodels  3 740.09 246.697 62.7762 6.364e-05 ***
kinds      3 110.67  36.891  9.3874   0.01104 *
Residuals  6  23.58   3.930
Signif. codes:  0 '***' 0.001 '**' 0.01 '*' 0.05 '.' 0.1 ' ' 1
```

(R코드 설명)

- 연비를 efficiency, 정유회사를 kinds, 두 개의 블록을 drivers와 carmodels란 이름으로 자료를 입력한 후 oilcompany라는 데이터프레임 형식의 자료로 저장한다.

- lm 함수를 사용하여 분석모형과 분석할 자료명을 지정한다. 이때 라틴방격법에서는 교호작용 효과를 고려하지 않기 때문에 모형속에 교호작용항을 포함시키지 않는다.
- anova 함수를 사용하여 분산분석표를 출력한다.

(결과 해석)

- 분산분석표에서 수준 kinds에 대한 결과를 보면, $P-$값이 0.01104로 주어진 유의수준 $\alpha=0.05$보다 작다. 따라서 귀무가설 H_0는 기각되어 "4개의 정유회사에서 생산되는 휘발유의 질은 차이가 있다"고 할 수 있다.

연습문제

① 어떤 연구소에서 자극방법에 따른 반응시간(초)의 차이를 조사하기 위하여 실험용 쥐를 완전확률화계획법에 의하여 배치한 후 실험을 하였다. 실험 결과, 반응시간이 다음과 같이 측정되었다고 할 때 자극방법에 따라 반응시간의 차이가 있는지를 유의수준 $\alpha = 0.05$에서 검정하여라.

구분	반응시간													
방법 1	16	14	14	13	13	12	12	17	17	17	19	14	15	20
방법 2	6	7	7	8	4	8	9	6	8	6	4	9	5	5
방법 3	8	10	9	10	6	7	10	9	11	11	9	10	9	5

② 어떤 건강연구센타에서 체중감소 식이요법의 효과에 대한 연구를 하기 위하여 16명의 비만환자를 체중에 따라 4명씩 구분한 후, 각 집단 내에서 랜덤하게 식이요법을 하나씩 할당하는 확률화블록계획법을 사용하였다. 일정기간이 지난 후 측정된 체중 감소량이 다음과 같다고 할 때 식이요법간에 차이가 있는지를 유의수준 $\alpha = 0.05$에서 검정하여라.

체 중 (단위 : 파운드)	식 이 요 법			
	A	B	C	D
150-174	12	26	24	23
175-199	15	29	23	25
200-225	15	27	25	24
225이상	18	38	33	31

③ 서울시 환경국에서는 시중에서 판매되고 있는 휘발유 첨가제 A, B, C, D가 배출하는 아황산가스량의 차이를 조사하기 위하여 라틴방격법에 따라 실험을 하였다. 실험 결과, 감소된 아황산가스 양이 다음과 같이 측정되었다고 할 때 휘발유 첨가제에서 배출하는 아황산가스양에 차이가 있는지를 유의수준 $\alpha=0.05$에서 검정하여라.

		자동차			
		1	2	3	4
운전자	x	B 1.2	C 1.5	A 1.0	D 1.7
	y	A 1.4	D 1.9	B 1.6	C 1.5
	w	C 2.8	B 2.1	D 2.7	A 2.0
	z	D 3.4	A 2.5	C 2.9	B 2.7

부록

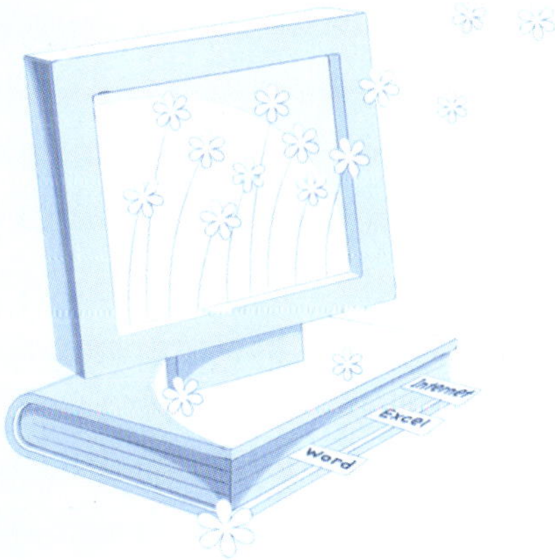

[표 1] 난수표

[표 2] 표준정규분포표

[표 3] t분포표

[표 4] F분포표

[표 5] 표준화범위분포

[표 6] 던칸의 유의범위

[표 1] 난수표

Line	01~05	06~10	11~15	16~20	21~25	26~30	31~35
001	13284	16834	74151	92027	24670	36665	00770
002	21224	00370	30420	03883	94648	89428	41583
003	99052	47887	81085	64933	66279	80432	65793
004	00199	50993	98603	38452	87890	94624	69721
005	60578	06483	28733	37867	07936	98710	98539
006	91240	18312	17441	01929	18163	69201	31211
007	97458	14229	12063	59611	32249	90466	33216
008	35249	38646	34475	72417	60514	69257	12489
009	38980	46600	11759	11900	46743	27860	77940
010	10750	52745	38749	87365	58959	53731	89295
011	36247	27850	73958	20673	37800	63835	71051
012	70994	66986	99744	72438	01174	42159	11392
013	99638	94702	11463	18148	81386	80431	90628
014	72055	15774	43857	99805	10419	76939	25993
015	24038	65541	85788	55835	38835	59399	13790
016	74976	14631	35908	28221	39470	91548	12854
017	35553	71628	70189	26436	63407	91178	90348
018	35676	12797	51434	82976	42010	26344	92920
019	74815	67523	72985	23183	02446	63594	98924
020	45246	88048	65173	50989	91060	89894	36036
021	76509	47069	86378	41797	11910	49672	88575
022	19689	90332	04315	21358	97248	11188	39062
023	42751	35318	97513	61537	54955	08159	00337
024	11946	22681	45045	13964	57517	59419	58045

(계속)

Line	01~05	06~10	11~15	16~20	21~25	26~30	31~35
025	96518	48688	20996	11090	48396	57177	83867
026	35726	58643	76869	84622	39098	36083	72505
027	39737	42750	48968	70536	84864	64952	38404
028	97025	66492	56177	04049	80312	48028	26408
029	62814	08075	09788	56350	76787	51591	54509
030	25578	22950	15227	83291	41737	59599	96191
031	68763	69576	88991	49662	46704	63362	56625
032	17900	00813	64361	60725	88974	61005	99709
033	71944	60227	63551	71109	05624	43836	58254
034	54684	93691	85132	64399	29182	44324	14491
035	25946	27623	11258	65204	52832	50880	22273
036	01353	39318	44961	44972	91766	90262	56073
037	99083	88191	27662	99113	57174	35571	99884
038	52021	45406	37945	75234	24327	86978	22644
039	78755	47744	43776	83098	03225	14281	83637
040	25282	69106	59180	16257	22810	43609	12224
041	11959	94202	02743	86847	79725	51811	12998
042	11644	13792	98190	01424	30078	28197	55583
043	06307	97912	68110	59812	95448	43244	31262
044	76285	75714	89585	99296	52640	46518	55486
045	55322	07598	39600	60866	63007	20007	66819
046	78017	90928	90220	92503	83375	26986	74399
047	44768	43342	20696	26331	43140	69744	82928
048	25100	19336	14605	86603	51680	97678	24261
049	83612	46623	62876	85197	07824	91392	58317
050	41347	81666	82961	60413	71020	83658	02415

[표 2] 표준정규분포표 : 누적확률값 $P(Z \leq z) = \int_{-\infty}^{z} \frac{1}{\sqrt{2\pi}} exp(-\frac{1}{2}t^2)dt$

z	0.00	0.01	0.02	0.03	0.04	0.05	0.06	0.07	0.08	0.09
0.0	0.5000	0.5040	0.5080	0.5120	0.5160	0.5199	0.5239	0.5279	0.5319	0.5359
0.1	0.5398	0.5438	0.5478	0.5517	0.5557	0.5596	0.5636	0.5675	0.5714	0.5754
0.2	0.5793	0.5832	0.5871	0.5910	0.5948	0.5987	0.6026	0.6064	0.6103	0.6141
0.3	0.6179	0.6217	0.6255	0.6293	0.6331	0.6368	0.6406	0.6443	0.6480	0.6517
0.4	0.6554	0.6591	0.6628	0.6664	0.6700	0.6736	0.6772	0.6808	0.6844	0.6879
0.5	0.6915	0.6950	0.6985	0.7019	0.7054	0.7088	0.7123	0.7157	0.7190	0.7224
0.6	0.7258	0.7291	0.7324	0.7357	0.7389	0.7422	0.7454	0.7486	0.7518	0.7549
0.7	0.7580	0.7612	0.7642	0.7673	0.7704	0.7734	0.7764	0.7794	0.7823	0.7852
0.8	0.7881	0.7910	0.7939	0.7967	0.7996	0.8023	0.8051	0.8079	0.8106	0.8133
0.9	0.8159	0.8186	0.8212	0.8238	0.8264	0.8289	0.8315	0.8340	0.8365	0.8389
1.0	0.8413	0.8438	0.8461	0.8485	0.8508	0.8531	0.8554	0.8577	0.8599	0.8621
1.1	0.8643	0.8665	0.8686	0.8708	0.8729	0.8749	0.8770	0.8790	0.8810	0.8830
1.2	0.8849	0.8869	0.8888	0.8907	0.8925	0.8944	0.8962	0.8980	0.8997	0.9015
1.3	0.9032	0.9049	0.9066	0.9082	0.9099	0.9115	0.9131	0.9147	0.9162	0.9177
1.4	0.9192	0.9207	0.9222	0.9236	0.9251	0.9265	0.9279	0.9292	0.9306	0.9319
1.5	0.9332	0.9345	0.9357	0.9370	0.9382	0.9394	0.9406	0.9418	0.9430	0.9441
1.6	0.9452	0.9463	0.9474	0.9485	0.9495	0.9505	0.9515	0.9525	0.9535	0.9545
1.7	0.9554	0.9564	0.9573	0.9582	0.9591	0.9599	0.9608	0.9616	0.9625	0.9633
1.8	0.9641	0.9649	0.9656	0.9664	0.9671	0.9678	0.9686	0.9693	0.9700	0.9706
1.9	0.9713	0.9719	0.9726	0.9732	0.9738	0.9744	0.9750	0.9756	0.9762	0.9767
2.0	0.9773	0.9778	0.9783	0.9788	0.9793	0.9798	0.9803	0.9808	0.9812	0.9817
2.1	0.9821	0.9826	0.9830	0.9834	0.9838	0.9842	0.9846	0.9850	0.9854	0.9857
2.2	0.9861	0.9865	0.9868	0.9871	0.9875	0.9878	0.9881	0.9884	0.9887	0.9890
2.3	0.9893	0.9896	0.9898	0.9901	0.9904	0.9906	0.9909	0.9911	0.9913	0.9916
2.4	0.9918	0.9920	0.9922	0.9925	0.9927	0.9929	0.9931	0.9932	0.9934	0.9936
2.5	0.9938	0.9940	0.9941	0.9943	0.9945	0.9946	0.9948	0.9949	0.9951	0.9952
2.6	0.9953	0.9955	0.9956	0.9957	0.9959	0.9960	0.9961	0.9962	0.9963	0.9964
2.7	0.9965	0.9966	0.9967	0.9968	0.9969	0.9970	0.9971	0.9972	0.9973	0.9974
2.8	0.9974	0.9975	0.9976	0.9977	0.9977	0.9978	0.9979	0.9980	0.9980	0.9981
2.9	0.9981	0.9982	0.9983	0.9983	0.9984	0.9984	0.9985	0.9985	0.9986	0.9986
3.0	0.9987	0.9987	0.9987	0.9988	0.9988	0.9989	0.9989	0.9989	0.9990	0.9990
3.1	0.9990	0.9991	0.9991	0.9991	0.9992	0.9992	0.9992	0.9992	0.9993	0.9993
3.2	0.9993	0.9993	0.9994	0.9994	0.9994	0.9994	0.9994	0.9995	0.9995	0.9995
3.3	0.9995	0.9995	0.9996	0.9996	0.9996	0.9996	0.9996	0.9996	0.9996	0.9997
3.4	0.9997	0.9997	0.9997	0.9997	0.9997	0.9997	0.9997	0.9997	0.9998	0.9998

[표 3] t분포표 : t 분포의 상위 100 α% 백분위수 $t_{\alpha}(df)$

df	α							
	0.25	0.1	0.05	0.025	0.01	0.00833	0.00625	0.005
1	1.000	3.078	6.314	12.706	31.821	38.204	50.923	63.657
2	0.816	1.886	2.920	4.303	6.965	7.650	8.860	9.925
3	0.765	1.638	2.353	3.182	4.541	4.857	5.392	5.841
4	0.741	1.533	2.132	2.776	3.747	3.961	4.315	4.604
5	0.727	1.476	2.015	2.571	3.365	3.534	3.810	4.032
6	0.718	1.440	1.943	2.447	3.143	3.288	3.521	3.707
7	0.711	1.415	1.895	2.365	2.998	3.128	3.335	3.499
8	0.706	1.397	1.860	2.306	2.896	3.016	3.206	3.355
9	0.703	1.383	1.833	2.262	2.821	2.934	3.111	3.250
10	0.700	1.372	1.812	2.228	2.764	2.870	3.038	3.169
11	0.697	1.363	1.796	2.201	2.718	2.820	2.981	3.106
12	0.695	1.356	1.782	2.179	2.681	2.780	2.934	3.055
13	0.694	1.350	1.771	2.160	2.650	2.746	2.896	3.012
14	0.692	1.345	1.761	2.145	2.624	2.718	2.864	2.977
15	0.691	1.341	1.753	2.131	2.602	2.694	2.837	2.947
16	0.690	1.337	1.746	2.120	2.583	2.673	2.813	2.921
17	0.689	1.333	1.740	2.110	2.567	2.655	2.793	2.898
18	0.688	1.330	1.734	2.101	2.552	2.639	2.775	2.878
19	0.688	1.328	1.729	2.093	2.539	2.625	2.759	2.861
20	0.687	1.325	1.725	2.086	2.528	2.613	2.744	2.845
21	0.686	1.323	1.721	2.080	2.518	2.602	2.732	2.831
22	0.686	1.321	1.717	2.074	2.508	2.591	2.720	2.819
23	0.685	1.319	1.714	2.069	2.500	2.582	2.710	2.807
24	0.685	1.318	1.711	2.064	2.492	2.574	2.700	2.797
25	0.684	1.316	1.708	2.060	2.485	2.566	2.692	2.787
26	0.684	1.315	1.706	2.056	2.479	2.559	2.684	2.779
27	0.684	1.314	1.703	2.052	2.473	2.553	2.676	2.771
28	0.683	1.313	1.701	2.048	2.467	2.547	2.669	2.763
29	0.683	1.311	1.699	2.045	2.462	2.541	2.663	2.756
30	0.683	1.310	1.697	2.042	2.457	2.536	2.657	2.750
40	0.681	1.303	1.684	2.021	2.423	2.499	2.616	2.704
60	0.679	1.296	1.671	2.000	2.390	2.463	2.575	2.660
120	0.677	1.289	1.658	1.980	2.358	2.428	2.536	2.617
∞	0.675	1.282	1.645	1.960	2.327	2.395	2.498	2.576

[표 4] F 분포의 상위 5% 백분위수 $F_{0.05}(j,\ k)$

k \ j	1	2	3	4	5	6	7	8	9	10
1	161.4	199.5	215.7	224.6	230.2	234.0	236.8	238.9	240.5	241.9
2	18.51	19.00	19.16	19.25	19.30	19.33	19.35	19.37	19.38	19.40
3	10.13	9.55	9.28	9.12	9.01	8.94	8.89	8.85	8.81	8.79
4	7.71	6.94	6.59	6.39	6.26	6.16	6.09	6.04	6.00	5.96
5	6.61	5.79	5.41	5.19	5.05	4.95	4.88	4.82	4.77	4.74
6	5.99	5.14	4.76	4.53	4.39	4.28	4.21	4.15	4.10	4.06
7	5.59	4.74	4.35	4.12	3.97	3.87	3.79	3.73	3.68	3.64
8	5.32	4.46	4.07	3.84	3.69	3.58	3.50	3.44	3.39	3.35
9	5.12	4.26	3.86	3.63	3.48	3.37	3.29	3.23	3.18	3.14
10	4.96	4.10	3.71	3.48	3.33	3.22	3.14	3.07	3.02	2.98
11	4.84	3.98	3.59	3.36	3.20	3.09	3.01	2.95	2.90	2.85
12	4.75	3.89	3.49	3.26	3.11	3.00	2.91	2.85	2.80	2.75
13	4.67	3.81	3.41	3.18	3.03	2.92	2.83	2.77	2.71	2.67
14	4.60	3.74	3.34	3.11	2.96	2.85	2.76	2.70	2.65	2.60
15	4.54	3.68	3.29	3.06	2.90	2.79	2.71	2.64	2.59	2.54
16	4.49	3.63	3.24	3.01	2.85	2.74	2.66	2.59	2.54	2.49
17	4.45	3.59	3.20	2.96	2.81	2.70	2.61	2.55	2.49	2.45
18	4.41	3.55	3.16	2.93	2.77	2.66	2.58	2.51	2.46	2.41
19	4.38	3.52	3.13	2.90	2.74	2.63	2.54	2.48	2.42	2.38
20	4.35	3.49	3.10	2.87	2.71	2.60	2.51	2.45	2.39	2.35
21	4.32	3.47	3.07	2.84	2.68	2.57	2.49	2.42	2.37	2.32
22	4.30	3.44	3.05	2.82	2.66	2.55	2.46	2.40	2.34	2.30
23	4.28	3.42	3.03	2.80	2.64	2.53	2.44	2.37	2.32	2.27
24	4.26	3.40	3.01	2.78	2.62	2.51	2.42	2.36	2.30	2.25
25	4.24	3.39	2.99	2.76	2.60	2.49	2.40	2.34	2.28	2.24
26	4.23	3.37	2.98	2.74	2.59	2.47	2.39	2.32	2.27	2.22
27	4.21	3.35	2.96	2.73	2.57	2.46	2.37	2.31	2.25	2.20
28	4.20	3.34	2.95	2.71	2.56	2.45	2.36	2.29	2.24	2.19
29	4.18	3.33	2.93	2.70	2.55	2.43	2.35	2.28	2.22	2.18
30	4.17	3.32	2.92	2.69	2.53	2.42	2.33	2.27	2.21	2.16
40	4.08	3.23	2.84	2.61	2.45	2.34	2.25	2.18	2.12	2.08
60	4.00	3.15	2.76	2.53	2.37	2.25	2.17	2.10	2.04	1.99
120	3.92	3.07	2.68	2.45	2.29	2.18	2.09	2.02	1.96	1.91
∞	3.84	3.00	2.60	2.37	2.21	2.10	2.01	1.94	1.88	1.83

(계속)

k \ j	12	15	20	24	30	40	60	120	∞
1	243.9	245.9	248.0	249.1	250.1	251.1	252.2	253.3	254.3
2	19.41	19.43	19.45	19.45	19.46	19.47	19.48	19.49	19.50
3	8.74	8.70	8.66	8.64	8.62	8.59	8.57	8.55	8.53
4	5.91	5.86	5.80	5.77	5.75	5.72	5.69	5.66	5.63
5	4.68	4.62	4.56	4.53	4.50	4.46	4.43	4.40	4.37
6	4.00	3.94	3.87	3.84	3.81	3.77	3.74	3.70	3.67
7	3.57	3.51	3.44	3.41	3.38	3.34	3.30	3.27	3.23
8	3.28	3.22	3.15	3.12	3.08	3.04	3.01	2.97	2.93
9	3.07	3.01	2.94	2.90	2.86	2.83	2.79	2.75	2.71
10	2.91	2.85	2.77	2.74	2.70	2.66	2.62	2.58	2.54
11	2.79	2.72	2.65	2.61	2.57	2.53	2.49	2.45	2.41
12	2.69	2.62	2.54	2.51	2.47	2.43	2.38	2.34	2.30
13	2.60	2.53	2.46	2.42	2.38	2.34	2.30	2.25	2.21
14	2.53	2.46	2.39	2.35	2.31	2.27	2.22	2.18	2.13
15	2.48	2.40	2.33	2.29	2.25	2.20	2.16	2.11	2.07
16	2.42	2.35	2.28	2.24	2.19	2.15	2.11	2.06	2.01
17	2.38	2.31	2.23	2.19	2.15	2.10	2.06	2.01	1.96
18	2.34	2.27	2.19	2.15	2.11	2.06	2.02	1.97	1.92
19	2.31	2.23	2.16	2.11	2.07	2.03	1.98	1.93	1.88
20	2.28	2.20	2.12	2.08	2.04	1.99	1.95	1.90	1.84
21	2.25	2.18	2.10	2.05	2.01	1.96	1.92	1.87	1.81
22	2.23	2.15	2.07	2.03	1.98	1.94	1.89	1.84	1.78
23	2.20	2.13	2.05	2.01	1.96	1.91	1.86	1.81	1.76
24	2.18	2.11	2.03	1.98	1.94	1.89	1.84	1.79	1.73
25	2.16	2.09	2.01	1.96	1.92	1.87	1.82	1.77	1.71
26	2.15	2.07	1.99	1.95	1.90	1.85	1.80	1.75	1.69
27	2.13	2.06	1.97	1.93	1.88	1.84	1.79	1.73	1.67
28	2.12	2.04	1.96	1.91	1.87	1.82	1.77	1.71	1.65
29	2.10	2.03	1.94	1.90	1.85	1.81	1.75	1.70	1.64
30	2.09	2.01	1.93	1.89	1.84	1.79	1.74	1.68	1.62
40	2.00	1.92	1.84	1.79	1.74	1.69	1.64	1.58	1.51
60	1.92	1.84	1.75	1.70	1.65	1.59	1.53	1.47	1.39
120	1.83	1.75	1.66	1.61	1.55	1.50	1.43	1.35	1.26
∞	1.75	1.67	1.57	1.52	1.46	1.39	1.32	1.22	1.00

F 분포의 상위 2.5% 백분위수 $F_{0.025}(j,\ k)$

k \ j	1	2	3	4	5	6	7	8	9	10
1	647.8	799.5	864.2	899.6	921.8	937.1	948.2	956.7	963.3	968.6
2	38.51	39.00	39.17	39.25	39.30	39.33	39.36	39.37	39.39	39.40
3	17.44	16.04	15.44	15.10	14.88	14.73	14.62	14.54	14.47	14.42
4	12.22	10.65	9.98	9.60	9.36	9.20	9.07	8.98	8.90	8.84
5	10.01	8.43	7.76	7.39	7.15	6.98	6.85	6.76	6.68	6.62
6	8.81	7.26	6.60	6.23	5.99	5.82	5.70	5.60	5.52	5.46
7	8.07	6.54	5.89	5.52	5.29	5.12	4.99	4.90	4.82	4.76
8	7.57	6.06	5.42	5.05	4.82	4.65	4.53	4.43	4.36	4.30
9	7.21	5.71	5.08	4.72	4.48	4.32	4.20	4.10	4.03	3.96
10	6.94	5.46	4.83	4.47	4.24	4.07	3.95	3.85	3.78	3.72
11	6.72	5.26	4.63	4.28	4.04	3.88	3.76	3.66	3.59	3.53
12	6.55	5.10	4.47	4.12	3.89	3.73	3.61	3.51	3.44	3.37
13	6.41	4.97	4.35	4.00	3.77	3.60	3.48	3.39	3.31	3.25
14	6.30	4.86	4.24	3.89	3.66	3.50	3.38	3.29	3.21	3.15
15	6.20	4.77	4.15	3.80	3.58	3.41	3.29	3.20	3.12	3.06
16	6.12	4.69	4.08	3.73	3.50	3.34	3.22	3.12	3.05	2.99
17	6.04	4.62	4.01	3.66	3.44	3.28	3.16	3.06	2.98	2.92
18	5.98	4.56	3.95	3.61	3.38	3.22	3.10	3.01	2.93	2.87
19	5.92	4.51	3.90	3.56	3.33	3.17	3.05	2.96	2.88	2.82
20	5.87	4.46	3.86	3.51	3.29	3.13	3.01	2.91	2.84	2.77
21	5.83	4.42	3.82	3.48	3.25	3.09	2.97	2.87	2.80	2.73
22	5.79	4.38	3.78	3.44	3.22	3.05	2.93	2.84	2.76	2.70
23	5.75	4.35	3.75	3.41	3.18	3.02	2.90	2.81	2.73	2.67
24	5.72	4.32	3.72	3.38	3.15	2.99	2.87	2.78	2.70	2.64
25	5.69	4.29	3.69	3.35	3.13	2.97	2.85	2.75	2.68	2.61
26	5.66	4.27	3.67	3.33	3.10	2.94	2.82	2.73	2.65	2.59
27	5.63	4.24	3.65	3.31	3.08	2.92	2.80	2.71	2.63	2.57
28	5.61	4.22	3.63	3.29	3.06	2.90	2.78	2.69	2.61	2.55
29	5.59	4.20	3.61	3.27	3.04	2.88	2.76	2.67	2.59	2.53
30	5.57	4.18	3.59	3.25	3.03	2.87	2.75	2.65	2.57	2.51
40	5.42	4.05	3.46	3.13	2.90	2.74	2.62	2.53	2.45	2.39
60	5.29	3.93	3.34	3.01	2.79	2.63	2.51	2.41	2.33	2.27
120	5.15	3.80	3.23	2.89	2.67	2.52	2.39	2.30	2.22	2.16
∞	5.02	3.69	3.12	2.79	2.57	2.41	2.29	2.19	2.11	2.05

(계속)

k \ j	12	15	20	24	30	40	60	120	∞
1	976.7	984.9	993.1	997.2	1001	1006	1010	1014	1018
2	39.41	39.43	39.45	39.46	39.46	39.47	39.48	39.49	39.50
3	14.34	14.25	14.17	14.12	14.08	14.04	13.99	13.95	13.90
4	8.75	8.66	8.56	8.51	8.46	8.41	8.36	8.31	8.26
5	6.52	6.43	6.33	6.28	6.23	6.18	6.12	6.07	6.02
6	5.37	5.27	5.17	5.12	5.07	5.01	4.96	4.90	4.85
7	4.67	4.57	4.47	4.41	4.36	4.31	4.25	4.20	4.14
8	4.20	4.10	4.00	3.95	3.89	3.84	3.78	3.73	3.67
9	3.87	3.77	3.67	3.61	3.56	3.51	3.45	3.39	3.33
10	3.62	3.52	3.42	3.37	3.31	3.26	3.20	3.14	3.08
11	3.43	3.33	3.23	3.17	3.12	3.06	3.00	2.94	2.88
12	3.28	3.18	3.07	3.02	2.96	2.91	2.85	2.79	2.73
13	3.15	3.05	2.95	2.89	2.84	2.78	2.72	2.66	2.60
14	3.05	2.95	2.84	2.79	2.73	2.67	2.61	2.55	2.49
15	2.96	2.86	2.76	2.70	2.64	2.59	2.52	2.46	2.40
16	2.89	2.79	2.68	2.63	2.57	2.51	2.45	2.38	2.32
17	2.82	2.72	2.62	2.56	2.50	2.44	2.38	2.32	2.25
18	2.77	2.67	2.56	2.50	2.44	2.38	2.32	2.26	2.19
19	2.72	2.62	2.51	2.45	2.39	2.33	2.27	2.20	2.13
20	2.68	2.57	2.46	2.41	2.35	2.29	2.22	2.16	2.09
21	2.64	2.53	2.42	2.37	2.31	2.25	2.18	2.11	2.04
22	2.60	2.50	2.39	2.33	2.27	2.21	2.14	2.08	2.00
23	2.57	2.47	2.36	2.30	2.24	2.18	2.11	2.04	1.97
24	2.54	2.44	2.33	2.27	2.21	2.15	2.08	2.01	1.94
25	2.51	2.41	2.30	2.24	2.18	2.12	2.05	1.98	1.91
26	2.49	2.39	2.28	2.22	2.16	2.09	2.03	1.95	1.88
27	2.47	2.36	2.25	2.19	2.13	2.07	2.00	1.93	1.85
28	2.45	2.34	2.23	2.17	2.11	2.05	1.98	1.91	1.83
29	2.43	2.32	2.21	2.15	2.09	2.03	1.96	1.89	1.81
30	2.41	2.31	2.20	2.14	2.07	2.01	1.94	1.87	1.79
40	2.29	2.18	2.07	2.01	1.94	1.88	1.80	1.72	1.64
60	2.17	2.06	1.94	1.88	1.82	1.74	1.67	1.58	1.48
120	2.05	1.94	1.82	1.76	1.69	1.61	1.53	1.43	1.31
∞	1.94	1.83	1.71	1.64	1.57	1.48	1.39	1.27	1.00

[표 5] 표준화범위분포

표준화 범위 분포의 상위 10% 백분위수 $q_{\alpha}(t,\ n_T\text{-}r)$

n_T-r	r: 2	3	4	5	6	7	8	9	10	11	12	13	14	15	16	17	18	19	20
1	8.93	13.4	16.4	18.5	20.2	21.5	22.6	23.6	24.5	25.2	25.9	26.5	27.1	27.6	28.1	28.5	29.0	29.3	29.7
2	4.13	5.73	5.77	7.54	8.14	8.63	9.05	9.41	9.72	10.0	10.3	10.5	10.7	10.9	11.1	11.2	11.4	11.5	11.7
3	3.33	4.47	5.20	5.74	6.16	6.51	6.81	7.06	7.29	7.49	7.67	7.83	7.98	8.12	8.25	8.37	8.48	8.58	8.68
4	3.01	3.98	4.59	5.03	5.39	5.68	5.93	6.14	6.33	6.49	6.65	6.78	6.91	7.12	7.13	7.23	7.33	7.41	7.50
5	2.85	3.72	4.26	4.66	4.98	5.24	5.46	5.65	5.82	5.97	6.10	6.22	6.34	6.44	6.54	6.63	6.71	6.79	6.86
6	2.75	3.56	4.07	4.44	4.73	4.97	5.17	5.34	5.50	5.64	5.76	5.87	5.98	6.07	6.16	6.25	6.32	6.40	6.47
7	2.68	3.45	3.93	4.28	4.55	4.78	4.97	5.14	5.28	5.41	5.53	5.64	5.74	5.83	5.91	5.99	6.06	6.13	6.19
8	2.63	3.37	3.83	4.17	4.43	4.65	4.83	4.99	5.13	5.25	5.36	5.46	5.56	5.64	5.72	5.80	5.87	5.93	6.00
9	2.59	3.32	3.76	4.08	4.34	4.54	4.72	4.87	5.01	5.13	5.23	5.33	5.42	5.51	5.58	5.66	5.72	5.79	5.85
10	2.56	3.27	3.70	4.02	4.26	4.47	4.64	4.78	4.91	5.03	5.13	5.23	5.32	5.40	5.47	5.54	5.61	5.67	5.73
11	2.54	3.23	3.66	3.96	4.20	4.40	4.57	4.71	4.84	4.95	5.05	5.15	5.23	5.31	5.38	5.45	5.51	5.57	5.63
12	2.52	3.20	3.62	3.92	4.16	4.35	4.51	4.65	4.78	4.89	4.99	5.08	5.16	5.24	5.31	5.37	5.44	5.49	5.55
13	2.50	3.18	3.59	3.88	4.12	4.30	4.46	4.60	4.72	4.83	4.93	5.02	5.10	5.18	5.25	5.31	5.37	5.43	5.48
14	2.49	3.16	3.56	3.85	4.08	4.27	4.42	4.56	4.68	4.79	4.88	4.97	5.05	5.12	5.19	5.26	5.32	5.37	5.43
15	2.48	3.14	3.54	3.83	4.05	4.23	4.39	4.52	4.64	4.75	4.84	4.93	5.01	5.08	5.15	5.21	5.27	5.32	5.38
16	2.47	3.12	3.52	3.80	4.03	4.21	4.36	4.49	4.61	4.71	4.81	4.89	4.97	5.04	5.11	5.17	5.23	5.28	5.33
17	2.46	3.11	3.50	3.78	4.00	4.18	4.33	4.46	4.58	4.68	4.77	4.86	4.93	5.01	5.07	5.13	5.19	5.24	5.30
18	2.45	3.10	3.49	3.77	3.99	4.16	4.31	4.44	4.55	4.65	4.75	4.83	4.90	4.98	5.04	5.10	5.16	5.21	5.26
19	2.45	3.09	3.47	3.75	3.97	4.14	4.29	4.42	4.53	4.63	4.72	4.80	4.88	4.95	5.01	5.07	5.13	5.18	5.23
20	2.44	3.08	3.46	3.74	3.95	4.12	4.27	4.40	4.51	4.61	4.70	4.78	4.85	4.92	4.99	5.05	5.10	5.16	5.20
24	2.42	3.05	3.42	3.69	3.90	4.07	4.21	4.14	4.44	4.54	4.63	4.71	4.78	4.85	4.91	4.97	5.02	5.07	5.12
30	2.40	3.02	3.39	3.65	3.85	4.02	4.16	4.28	4.36	4.47	4.56	4.64	4.71	4.77	4.83	4.89	4.94	4.99	5.03
40	2.38	2.99	3.35	3.60	3.80	3.96	4.10	4.21	4.32	4.41	4.49	4.56	4.63	4.69	4.75	4.81	4.86	4.90	4.95
60	2.36	2.96	3.31	3.56	3.75	3.91	4.04	4.16	4.25	4.34	4.42	4.49	4.56	4.62	4.67	4.73	4.78	4.82	4.86
120	2.34	2.93	3.23	3.52	3.71	3.86	3.99	4.10	4.19	4.28	4.35	4.42	4.48	4.54	4.60	4.65	4.69	4.74	4.78
∞	2.33	2.90	3.24	3.48	3.66	3.81	3.93	4.04	4.13	4.21	4.28	4.35	4.41	4.47	4.52	4.57	4.61	4.65	4.69

(계속)

표준화 범위 분포의 상위 5% 백분위수 $q_{\alpha}(t,\ n_T\text{-}r)$

n_T-r	r: 2	3	4	5	6	7	8	9	10	11	12	13	14	15	16	17	18	19	20
1	18.0	27.0	32.8	37.1	40.4	43.1	45.4	47.4	49.1	50.6	52.0	53.2	54.3	55.4	56.3	57.2	58.0	58.8	59.6
2	6.08	8.33	9.80	10.9	11.7	12.4	13.0	13.5	14.0	14.4	14.7	15.1	15.4	15.7	15.9	16.1	16.4	16.6	16.8
3	4.50	5.91	6.82	7.50	8.04	8.48	8.85	9.18	9.46	9.72	9.95	10.2	10.3	10.5	10.7	10.8	11.0	11.1	11.2
4	3.93	5.04	5.76	6.29	6.71	7.05	7.35	7.60	7.83	8.03	8.21	8.37	8.52	8.66	8.79	8.91	9.03	9.13	9.23
5	3.64	4.60	5.22	5.67	6.03	6.33	6.58	6.80	6.99	7.17	7.32	7.47	7.60	7.22	7.83	7.93	8.03	8.12	8.21
6	3.46	4.34	4.90	5.30	5.63	5.90	6.12	6.32	6.49	6.65	6.79	6.92	7.03	7.14	7.24	7.34	7.43	7.51	7.59
7	3.34	4.16	4.68	5.06	5.36	5.61	5.82	6.00	6.16	6.30	6.43	6.55	6.66	6.76	6.85	6.94	7.02	7.10	7.17
8	3.26	4.04	4.53	4.89	5.17	5.40	5.60	5.77	5.92	6.05	6.18	6.29	6.39	6.48	6.57	6.65	6.73	6.80	6.87
9	3.20	3.95	4.41	4.76	5.02	5.24	5.43	5.59	5.74	5.87	5.98	6.09	6.19	6.28	6.36	6.44	6.51	6.58	6.64
10	3.15	3.88	4.33	4.65	4.91	5.12	5.30	5.46	5.60	5.72	5.83	5.93	6.03	6.11	6.19	6.27	6.34	6.40	6.47
11	3.11	3.82	4.26	4.57	4.82	5.03	5.20	5.35	5.49	5.61	5.71	5.81	5.90	5.98	6.06	6.13	6.20	6.27	6.33
12	3.08	3.77	4.20	4.51	4.75	4.95	5.12	5.27	5.39	5.51	5.61	8.71	5.80	5.88	5.95	6.02	6.09	6.25	6.21
13	3.06	3.73	4.15	4.45	4.69	4.88	5.05	5.19	5.32	5.43	5.53	5.63	5.71	5.79	5.86	5.93	5.99	6.05	6.11
14	3.03	3.70	4.11	4.41	4.64	4.83	4.99	5.13	5.25	5.36	5.46	5.55	5.64	5.71	5.79	5.85	5.91	5.97	6.03
15	3.01	3.67	4.08	4.37	4.59	4.78	4.94	5.08	5.20	5.31	5.40	5.49	5.57	5.65	5.72	5.78	5.85	5.90	5.96
16	3.00	3.65	4.05	4.33	4.56	4.74	4.90	5.03	5.15	5.26	5.35	5.44	5.52	5.59	5.66	5.73	5.79	5.84	5.90
17	2.98	3.63	4.02	4.30	4.52	4.70	4.86	4.99	5.11	5.21	5.31	5.39	5.47	5.54	5.61	5.67	5.73	5.79	5.84
18	2.97	3.61	4.00	4.28	4.49	4.67	4.82	4.96	5.07	5.17	5.27	5.35	5.43	5.50	5.57	5.63	5.69	5.74	5.79
19	2.96	3.59	3.98	4.25	4.47	4.65	4.79	4.92	5.04	5.14	5.23	5.31	5.39	5.46	5.53	5.59	5.65	5.70	5.75
20	2.95	3.58	3.96	4.23	4.45	4.62	4.77	4.90	5.01	5.11	5.20	5.28	5.36	5.43	5.49	5.55	5.61	5.66	5.71
24	2.92	3.53	3.90	4.17	4.37	4.54	4.68	4.81	4.92	5.01	5.10	5.18	5.25	5.32	5.38	5.44	5.49	5.55	5.59
30	2.89	3.49	3.85	4.10	4.30	4.46	4.60	4.72	4.82	4.92	5.00	5.08	5.15	5.21	5.27	5.33	5.38	5.43	5.47
40	2.86	3.44	3.79	4.04	4.23	4.39	4.52	4.63	4.73	4.82	4.90	4.98	5.04	5.11	5.16	5.22	5.27	5.31	5.36
60	2.83	3.40	3.74	3.98	4.16	4.31	4.44	4.55	4.65	4.73	4.81	4.88	4.94	5.00	5.06	5.11	5.15	5.20	5.24
120	2.80	3.36	3.68	3.92	4.10	4.24	4.36	4.47	4.56	4.64	4.71	4.78	4.84	4.90	4.95	5.00	5.04	5.09	5.13
∞	2.77	3.31	3.63	3.86	4.03	4.17	4.29	4.39	4.47	4.55	4.62	4.68	4.74	4.80	4.85	4.89	4.93	4.97	5.01

(계속)

표준화 범위 분포의 상위 1% 백분위수 $q_{\alpha}(t,\ n_T\text{-}r)$

n_T-r	r = 2	3	4	5	6	7	8	9	10	11	12	13	14	15	16	17	18	19	20
1	90.0	135	164	186	202	216	227	237	246	253	260	266	272	277	282	286	290	294	298
2	14.0	19.0	22.3	24.7	26.6	28.2	29.5	30.7	31.7	32.6	33.4	34.1	34.8	33.4	36.0	36.5	37.0	37.5	37.9
3	8.26	10.6	12.2	13.3	14.2	15.0	15.6	16.2	16.7	17.1	17.5	17.9	18.2	18.5	18.8	19.1	19.3	19.5	19.8
4	6.51	8.12	9.17	9.96	10.6	11.1	11.5	11.9	12.3	12.6	12.8	13.1	13.3	13.5	13.7	13.9	14.1	14.2	14.4
5	5.70	6.97	7.80	8.42	8.91	9.32	9.67	9.97	10.2	10.5	10.7	10.9	11.1	11.2	11.4	11.6	11.7	11.8	11.9
6	5.24	6.33	7.03	7.56	7.97	8.32	8.61	8.87	9.10	9.30	9.49	9.65	9.81	9.95	10.1	10.2	10.3	10.4	10.5
7	4.95	5.92	6.54	7.01	7.37	7.68	7.94	8.17	8.37	8.55	8.71	5.56	9.00	9.12	9.24	9.35	9.46	9.55	9.65
8	4.74	5.63	6.20	6.63	6.96	7.24	7.47	7.68	7.87	8.03	8.18	8.31	8.44	8.55	8.66	8.76	8.85	8.94	9.03
9	4.60	5.43	5.96	6.35	6.66	6.91	7.13	7.32	7.49	7.65	7.78	7.91	8.03	8.13	8.23	8.32	8.41	8.49	8.57
10	4.48	5.27	5.77	6.14	6.43	6.67	6.87	7.05	7.21	7.36	7.48	7.60	7.71	7.81	7.91	7.99	8.07	8.15	8.22
11	4.39	5.14	5.62	5.97	6.25	6.48	6.67	6.84	6.99	7.13	7.25	7.36	7.46	7.56	7.65	7.73	7.81	7.88	7.95
12	4.32	5.04	5.50	5.84	6.10	6.32	6.51	6.67	6.81	6.94	7.06	7.17	7.26	7.36	7.44	7.52	7.59	7.66	7.73
13	4.26	4.96	5.40	5.73	5.98	6.19	6.37	6.53	6.67	6.79	6.90	7.01	7.10	7.19	7.27	7.34	7.42	7.48	7.55
14	4.21	4.89	5.32	5.63	5.88	6.08	6.26	6.41	6.54	6.66	6.77	6.87	6.96	7.05	7.12	7.20	7.27	7.33	7.37
15	4.17	4.83	5.25	5.56	5.80	5.99	6.16	6.31	6.44	6.55	6.66	6.76	6.84	6.93	7.00	7.07	7.14	7.20	7.26
16	4.13	4.78	5.19	5.49	5.72	5.92	6.08	6.22	6.35	6.46	6.56	6.66	6.74	6.82	6.90	6.97	7.03	7.09	7.15
17	4.10	4.74	5.14	5.43	5.66	5.85	6.01	6.15	6.27	6.38	6.48	6.57	6.66	9.73	6.80	9.87	6.94	7.00	7.05
18	4.07	4.70	5.09	5.38	5.60	5.79	5.94	6.08	6.20	6.31	6.41	6.50	6.58	6.65	6.72	9.79	6.85	6.91	6.96
19	4.05	4.67	5.05	5.33	5.55	5.73	5.89	6.02	6.14	6.25	6.34	6.43	6.51	6.58	6.65	6.72	9.78	6.84	6.89
20	4.02	4.64	5.02	5.29	5.51	5.69	5.84	5.97	6.09	6.19	6.29	6.37	6.45	6.52	6.59	6.65	6.71	6.76	6.82
24	3.96	4.54	4.91	5.17	5.37	5.54	5.69	5.81	5.92	6.02	6.11	6.19	6.26	6.33	6.39	6.45	6.51	6.56	6.61
30	3.89	4.45	4.80	5.05	5.24	5.40	5.54	5.65	5.76	5.85	5.93	6.01	6.08	6.14	6.20	6.26	6.31	6.36	6.41
40	3.82	4.37	4.70	4.93	5.11	5.27	5.39	5.50	5.60	5.69	5.77	5.84	5.90	5.96	6.02	6.07	6.12	6.17	6.21
60	3.76	4.28	4.60	4.82	4.99	5.13	5.25	5.36	5.45	5.53	5.60	5.67	5.73	5.79	5.84	5.89	5.93	5.98	6.02
120	3.70	4.20	4.50	4.71	4.87	5.01	5.12	5.21	5.30	5.38	5.44	5.51	5.56	5.61	5.66	5.71	5.75	5.79	5.83
∞	3.64	4.12	4.40	4.60	4.76	4.88	4.99	5.08	5.16	5.23	5.29	5.35	5.40	5.45	5.49	5.54	5.57	5.61	5.65

[표 6] 던칸의 유의범위 $r_{0.05}(n_T - r,\ k)$

$n_T - r$	k									
	2	**3**	**4**	**5**	**6**	**7**	**8**	**9**	**10**	**20**
1	18.0	18.0	18.0	18.0	18.0	18.0	18.0	18.0	18.0	18.0
2	6.09	6.09	6.09	6.09	6.09	6.09	6.09	6.09	6.09	6.09
3	4.50	4.50	4.50	4.50	4.50	4.50	4.50	4.50	4.50	4.50
4	3.93	4.01	4.02	4.02	4.02	4.02	4.02	4.02	4.02	4.02
5	3.64	3.74	3.79	3.83	3.83	3.83	3.83	3.83	3.83	3.83
6	3.46	3.58	3.64	3.68	3.68	3.68	3.68	3.68	3.68	3.68
7	3.35	3.47	3.54	3.58	3.60	3.61	3.61	3.61	3.61	3.61
8	3.62	3.39	3.47	3.52	3.55	3.56	3.56	3.56	3.56	3.56
9	3.20	3.34	3.41	3.47	3.50	3.52	3.52	3.52	3.52	3.52
10	3.15	3.30	3.37	3.43	3.46	3.47	3.47	3.47	3.47	3.47
11	3.11	3.27	3.35	3.396	3.43	3.44	3.45	3.46	3.46	3.48
12	3.08	3.23	3.33	3.36	3.40	3.42	3.44	3.44	3.46	3.48
13	3.06	3.21	3.30	3.35	3.38	3.41	3.42	3.44	3.45	3.47
14	3.03	3.18	3.27	3.33	3.37	3.39	3.41	3.42	3.44	3.47
15	3.01	3.16	3.25	3.31	3.36	3.38	3.40	3.42	3.43	3.47
16	3.00	3.15	3.23	3.30	3.34	3.37	3.39	3.41	3.43	3.47
17	2.98	3.13	3.22	3.28	3.33	3.36	3.38	3.40	3.42	3.47
18	2.97	3.12	3.21	3.27	3.32	3.35	3.37	3.39	3.41	3.47
19	2.96	3.11	3.19	3.26	3.31	3.35	3.37	3.39	3.41	3.47
20	2.95	3.10	3.18	3.25	3.30	3.34	3.36	3.38	3.40	3.47
22	2.93	3.08	3.17	3.24	3.29	3.32	3.35	3.37	3.39	3.47
24	2.92	3.07	3.15	3.22	3.28	3.31	3.34	3.37	3.38	3.47
26	2.91	3.09	3.14	3.21	3.27	3.30	3.34	3.36	3.38	3.47
28	2.90	3.04	3.13	3.20	3.26	3.30	3.33	3.35	3.37	3.47
30	2.89	3.04	3.12	3.20	3.25	3.29	3.32	3.35	3.37	3.47
40	2.86	3.01	3.10	3.17	3.22	3.27	3.30	3.33	3.35	3.47
60	2.83	2.98	3.08	3.14	3.20	3.24	3.28	3.31	3.33	3.47
100	2.80	2.95	3.05	3.12	3.18	3.22	3.26	3.29	3.32	3.47
∞	2.77	2.92	3.02	3.09	3.15	3.19	3.23	3.26	3.29	3.47

던칸의 유의범위 $r_{0.01}(n_T - r,\ k)$

$n_T - r$	k									
	2	**3**	**4**	**5**	**6**	**7**	**8**	**9**	**10**	**20**
1	90.0	90.0	90.0	90.0	90.0	90.0	90.0	90.0	90.0	90.0
2	14.0	14.0	14.0	14.0	14.0	14.0	14.0	14.0	14.0	14.0
3	8.26	8.5	8.6	8.7	8.8	8.9	8.9	9.0	9.0	9.3
4	6.51	6.8	6.9	7.0	7.1	7.1	7.2	7.2	7.3	7.5
5	5.70	5.96	6.11	6.18	6.26	6.33	6.40	6.44	6.5	6.8
6	5.24	5.51	5.65	5.73	5.81	5.88	5.95	6.00	6.0	6.3
7	4.95	5.22	5.37	5.45	5.53	5.61	5.69	5.73	5.8	6.0
8	4.74	5.00	5.14	5.23	5.32	5.40	5.47	5.51	5.5	5.8
9	4.60	4.86	4.99	5.08	5.17	5.25	5.32	5.36	5.4	5.7
10	4.48	4.73	4.88	4.96	5.06	5.13	5.20	5.24	5.28	5.55
11	4.39	4.63	4.77	4.86	4.94	5.01	5.06	5.12	5.15	5.39
12	4.32	4.55	4.68	4.76	4.81	4.92	4.96	5.02	5.07	5.26
13	4.26	4.48	4.62	4.69	4.74	4.84	4.88	4.94	4.98	5.15
14	4.21	4.42	4.55	4.63	4.70	4.78	4.83	4.87	4.91	5.07
15	4.17	4.37	4.50	4.58	4.64	4.72	4.77	4.81	4.84	5.00
16	4.03	4.34	4.45	4.54	4.60	4.67	4.72	4.76	4.79	4.94
17	4.10	4.30	4.41	4.50	4.56	4.63	4.68	4.72	4.75	4.89
18	4.07	4.27	4.38	4.46	4.53	4.59	4.64	4.68	4.71	4.85
19	4.05	4.24	4.35	4.43	4.50	4.56	4.61	4.64	4.67	4.82
20	4.02	4.22	4.33	4.40	4.47	4.53	4.58	4.61	4.65	4.79
22	3.99	4.17	4.28	4.36	4.42	4.48	4.53	4.57	4.60	4.75
24	3.96	4.14	4.24	4.33	4.39	4.44	4.49	4.53	4.57	4.72
26	3.93	4.11	1.21	4.30	4.36	4.41	4.46	4.50	4.53	4.69
28	3.91	4.08	4.18	4.28	4.34	4.39	4.43	4.47	4.51	4.67
30	3.89	4.06	4.16	4.22	4.32	4.36	4.41	4.45	4.48	4.65
40	3.82	3.99	4.10	4.17	4.24	4.30	4.34	4.37	4.41	4.59
60	3.76	3.92	4.03	4.12	4.17	4.23	4.27	4.31	4.34	4.53
100	3.71	3.86	3.98	4.06	4.11	4.17	4.21	4.25	4.29	4.48
∞	3.64	3.80	3.90	3.98	4.04	4.09	4.14	4.17	4.20	4.41

찾아 보기

ㄱ

검정통계량 ······20
교호작용효과 ······96

ㄴ

난수표 ······135

ㄷ

다중비교 ······50
대립가설 ······90
대응비교(paired comparison) ······27
대응비교 ······27
두 표본자료 ······3
등분산성 ······71

ㄹ

라틴방격법 ······114, 123
랜덤화(randomization) ······113
로버스트(robust) ······70
로버스트성(robustness) ······25

ㅂ

블록화로 ······113

ㅅ

샤페 검정결과 ······68
수학적 모형 ······116

ㅇ

완전확률화계획법 ······115
이원분산분석 ······83
이원분산분석모형 ······84
이표본 문제(two-sample problem) ······3
이표본 문제 ······3
인자효과 ······44, 86
일원분산분석 ······38
일원분산분석모형-모수모형 ······38

ㅈ

정규밀도곡선 ······6
정규분포 ······4
정규확률도 ······10

ㅊ

추출된 표본 ······3

ㅌ

튜키(Tukey)의 HSD검정법 ······51

ㅍ

표본분포 ······4

ㅎ

합동추정량(pooled estimator) ······16
합동표본분산 ······20
확률 계산 ······5
확률화블록계획법 ······114, 117

배현웅
육군사관학교 졸업(이학사)
고려대학교 대학원 졸업(통계학 석사)
미 아이오와 대학교 대학원 졸업(통계학 박사)
현재 육군사관학교 수학과 교수

문호석
육군사관학교 졸업(이학사)
고려대학교 대학원 졸업(전자공학 석사)
고려대학교 대학원 졸업(산업공학 박사)
고려대학교 대학원 졸업(통계학 박사)
현재 육군사관학교 전자정보학과 교수

R 통계학 총서 ③
R과 함께하는 분산분석

2011년 2월 25일 초판 인쇄
2011년 3월 2일 초판 발행

저 자 / 배현웅 · 문호석
발행자 / 오판근
발행처 / 교우사

주 소 / 서울 동대문구 제기2동 148-19
전 화 / 925-2861(代), 편집부 / 925-2825
팩 스 / 925-2860
E-mail / kyowoo@kyowoo.co.kr
http://www.kyowoo.co.kr

등록 / 1994. 3. 24 제6-0256호

ISBN 978-89-8172-866-3 (94310)
978-89-8172-826-7 (세트)

값 10,000 원